东北农牧交错带
肉牛肉羊
生产实用技术

孙亚波　孙淑琴　主编

化学工业出版社
·北京·

内容简介

本书对东北农牧交错带肉牛肉羊养殖生产实用技术进行了集成，从饲料加工调制技术、肉牛肉羊品种、饲养管理实用技术、繁殖实用技术、育肥牛羊常见疫病防控技术、肉牛肉羊场生物安全体系六个方面进行阐述。全书应用了大量生产实践中的第一手资料和图片，对实用技术的介绍注重先进性与实用性的统一协调，做到图文并茂、生动形象、通俗易懂。

本书适用于肉牛肉羊养殖生产者、基层技术推广人员和相关科技人员，具有较强的实用价值。

图书在版编目（CIP）数据

东北农牧交错带肉牛肉羊生产实用技术 / 孙亚波，孙淑琴主编. —北京：化学工业出版社，2022.9
ISBN 978-7-122-41492-2

Ⅰ.①东… Ⅱ.①孙… ②孙… Ⅲ.①肉牛-饲养管理 ②肉用羊-饲养管理 Ⅳ.①S823.9②S826.9

中国版本图书馆 CIP 数据核字（2022）第 084631 号

责任编辑：张雨璐　李植峰　迟　蕾
文字编辑：温月仙　陈小滔
责任校对：张茜越
装帧设计：王晓宇

出版发行：化学工业出版社
　　　　　（北京市东城区青年湖南街 13 号　邮政编码 100011）
印　　装：三河市延风印装有限公司
710mm×1000mm　1/16　印张 12¾　字数 254 千字
2022 年 9 月北京第 1 版第 1 次印刷

购书咨询：010-64518888
售后服务：010-64518899
网　　址：http://www.cip.com.cn

凡购买本书，如有缺损质量问题，本社销售中心负责调换。

定　　价：48.00 元　　　　版权所有　违者必究

本书编写人员

主　　编　孙亚波　孙淑琴
副 主 编　韩　迪　冀红芹　纪守学
参编人员（按姓名笔画排序）
　　　　　　于　明（辽宁农业职业技术学院）
　　　　　　王　军（辽宁省黑山县动物疫病预防控制中心）
　　　　　　吕丹娜（辽宁农业职业技术学院）
　　　　　　刘衍芬（辽宁农业职业技术学院）
　　　　　　孙亚波（辽宁农业职业技术学院）
　　　　　　孙淑琴（辽宁农业职业技术学院）
　　　　　　纪守学（辽宁农业职业技术学院）
　　　　　　李洪根（辽宁省农业发展服务中心）
　　　　　　豆兴堂（辽宁省现代农业生产基地建设工程中心）
　　　　　　张晓鹰（辽宁省现代农业生产基地建设工程中心）
　　　　　　范　强（辽宁农业职业技术学院）
　　　　　　贺永明（辽宁农业职业技术学院）
　　　　　　贾富勃（辽宁农业职业技术学院）
　　　　　　顾洪娟（辽宁农业职业技术学院）
　　　　　　鄂禄祥（辽宁农业职业技术学院）
　　　　　　梁德洁（辽宁农业职业技术学院）
　　　　　　韩　迪（辽宁省现代农业生产基地建设工程中心）
　　　　　　樊凤娇（内蒙古自治区动物疫病预防控制中心）
　　　　　　冀红芹（辽宁农业职业技术学院）
主　　审　周振明（中国农业大学）
　　　　　　刘海英（沈阳农业大学）
　　　　　　张元庆（山西农业大学）

前言

  2021年,我国牛肉产量为698万吨,消费量为930万吨;羊肉产量为514万吨,消费量为555万吨;国内牛羊肉缺口总量达到303万吨。非洲猪瘟对生猪产业的冲击引发牛羊肉的需求更加旺盛,而新型冠状病毒肺炎疫情影响全球肉类流通,这对国内牛羊肉的需求产生叠加效果。旺盛的市场需求带动了肉牛肉羊产业的迅猛发展,同时伴随着饲料成本和人工成本的提高,如何在较高的饲养成本下发展肉牛肉羊产业、满足市场需求,是行业面临的重大难题。东北农牧交错带横跨辽宁省西部和北部、吉林省西北部、内蒙古东南部,在此区域肉牛肉羊生产是以牧区繁殖、农区集中舍饲育肥、活畜交易市场引导流通的产业模式运行的,行业的发展急需相关的实用技术来推动。为此农业农村部启动了"农牧交错带肉牛肉羊牧繁农育关键技术集成示范"项目(16190050),促使肉牛肉羊的繁殖与育肥两个生产环节分工合作,达到降低成本、提高综合效益的目的。

  为了助力肉牛肉羊产业持续健康发展,提高广大养殖户的生产水平,我们编写了这本《东北农牧交错带肉牛肉羊生产实用技术》。本书在编写过程中应用了编者近年来的科研成果,参考和借鉴了同行有关著作、论文、标准等相关材料,在此向他们表示诚挚的谢意。

  由于编者水平有限,对于书中疏漏和不足之处,恳请专家和广大读者批评指正。

编　者

2021年12月1日

目录

第一章 肉牛肉羊饲料与加工调制技术 ……001

第一节 牛羊的营养需要 ……001
一、牛的营养特点 ……001
二、羊的营养特点 ……005

第二节 常用精饲料 ……009
一、能量饲料 ……009
二、蛋白质饲料 ……015
三、矿物质饲料 ……019
四、维生素饲料 ……019
五、其它饲料添加剂 ……020

第三节 常用粗饲料及其加工调制 ……022
一、牛羊常用粗饲料 ……022
二、粗饲料加工调制技术 ……037

第二章 肉牛肉羊品种 ……046

第一节 肉牛品种 ……046
一、西门塔尔牛 ……046
二、夏洛来牛 ……047
三、利木赞牛 ……048
四、安格斯牛 ……049
五、皮埃蒙特牛 ……049
六、海福特牛 ……050
七、辽育白牛 ……051

第二节 肉牛品种的选择与利用 ……052
一、引种方式 ……052
二、引种原则 ……052
三、引种前的准备 ……053

  四、经济杂交 054

 第三节 肉羊品种 056
  一、小尾寒羊 056
  二、湖羊 057
  三、夏洛来羊 058
  四、无角道赛特羊 059
  五、萨福克羊 059
  六、杜泊羊 060
  七、澳洲白绵羊 061
  八、波尔山羊 062
  九、辽宁绒山羊 063

 第四节 肉羊品种的选择与利用 064
  一、供种单位的选择 064
  二、引种方式 064
  三、引种前的准备 065
  四、种羊选择 066
  五、运输 067
  六、种羊引入后的过渡管理 068
  七、经济杂交 068

第三章 饲养管理实用技术 070

 第一节 肉牛饲养管理实用技术 070
  一、妊娠母牛饲养管理技术 070
  二、哺乳母牛饲养管理技术 071
  三、新生犊牛护理技术 072
  四、哺乳犊牛饲养管理 073
  五、断奶犊牛育肥技术 076
  六、架子牛育肥技术 078
  七、淘汰牛育肥技术 079
  八、育肥牛尿素使用方法 080

 第二节 肉羊饲养管理实用技术 081
  一、妊娠母羊饲养管理技术 081
  二、哺乳母羊饲养管理技术 082
  三、新生羔羊护理技术 083
  四、断奶羔羊育肥技术 085
  五、肥羔生产技术 088

    六、淘汰羊育肥技术 ……………………………………088
    七、育肥羊常见营养代谢病 ………………………………090

第四章 繁殖实用技术 ………………………………………094

  第一节 肉牛繁殖实用技术 …………………………………094
    一、公牛采精 ……………………………………………094
    二、精液品质检查 ………………………………………097
    三、精液稀释 ……………………………………………098
    四、精液保存 ……………………………………………098
    五、母牛发情鉴定技术 …………………………………100
    六、母牛人工输精技术 …………………………………103
    七、母牛妊娠诊断技术 …………………………………105
    八、肉牛分娩接产技术 …………………………………107
    九、母牛同期发情技术 …………………………………109
    十、母牛超数排卵技术 …………………………………111
    十一、肉牛胚胎移植技术 ………………………………112
  第二节 肉羊繁殖实用技术 …………………………………116
    一、公羊采精 ……………………………………………116
    二、精液品质检查 ………………………………………118
    三、精液稀释 ……………………………………………120
    四、精液保存 ……………………………………………122
    五、母羊发情鉴定技术 …………………………………124
    六、母羊人工输精技术 …………………………………125
    七、母羊妊娠诊断技术 …………………………………127
    八、母羊分娩接产技术 …………………………………128
    九、母羊同期发情技术 …………………………………129
    十、母羊胚胎移植技术 …………………………………130
    十一、母羊诱导发情技术 ………………………………136

第五章 育肥牛羊常见疫病防控技术 ……………………………137

  第一节 牛常见病的治疗及预防 ……………………………137
    一、牛病毒性腹泻/黏膜病 ……………………………137
    二、牛大肠杆菌病 ………………………………………138
    三、牛流行热 ……………………………………………139
  第二节 羊常见病的治疗及预防 ……………………………141

一、小反刍兽疫 141
　　　二、羊口疮 142
　　　三、羊传染性胸膜肺炎 144
　　　四、羊肠毒血症 146
　　　五、羊快疫 147
　　　六、羊猝疽 148
　　　七、羔羊痢疾 149
　　　八、羊黑疫 150
　第三节　牛、羊共患病的治疗及预防 151
　　　一、布鲁氏菌病 151
　　　二、结核病 153
　　　三、炭疽 155
　　　四、副结核病 156
　　　五、口蹄疫 158
　　　六、巴氏杆菌病 160
　　　七、瘤胃臌气 162
　　　八、前胃迟缓 163
　　　九、瘤胃酸中毒 163
　　　十、瓣胃阻塞 165
　　　十一、创伤性网胃炎 166
　　　十二、酮血病 167
　　　十三、妊娠毒血症 168
　　　十四、生产瘫痪 169
　　　十五、乳房炎 171
　　　十六、子宫内膜炎 172
　　　十七、蹄病 173
　第四节　治疗技术方法 174
　　　一、灌药法 174
　　　二、胃管投药法 175
　　　三、瘤胃穿刺法 176

第六章　肉牛肉羊场生物安全体系 177

　第一节　饲养环境控制 177
　　　一、养殖场建设 177
　　　二、场址选择 177
　　　三、建筑布局 177

	四、环境控制	178
	五、空气饮用水控制	178
第二节	饲养管理	179
	一、饲养条件	179
	二、坚持自繁自养	180
	三、严格保证饲料质量	180
第三节	消毒工作	180
	一、环境消毒	180
	二、舍内消毒	180
	三、人员消毒	181
	四、用具消毒	181
	五、带畜环境消毒	181
	六、操作性消毒	181
	七、车辆消毒	181
	八、消毒药物的选择与使用	182
第四节	免疫与驱虫	183
	一、免疫	183
	二、驱虫	185
第五节	虫鼠害防控	185
	一、灭鼠、杀虫	185
	二、规范防鼠设施	185
	三、鼠药投放	185
第六节	检疫监测	185
	一、按规定检疫	185
	二、健康检查	186
	三、定期监测	186
	四、省内引种检疫	186
	五、省外引种检疫	186
第七节	疫病控制与净化	186
第八节	人员管理与档案记录	187
	一、工作人员	187
	二、外来人员	187
	三、档案记录	188

参考文献 189

第一章 肉牛肉羊饲料与加工调制技术

第一节 牛羊的营养需要

一、牛的营养特点

1. 消化系统结构特点

牛是反刍动物,它的消化器官中胃的结构和功能复杂,与猪、鸡等单胃动物差别较大。

牛有四个胃,包括瘤胃(俗称毛肚)、网胃(俗称蜂巢胃)、瓣胃(俗称重瓣胃或百叶肚)和皱胃(真胃)四部分。瘤胃、网胃、瓣胃统称为前胃,只能分泌黏液,不含消化腺体,但是里面有大量的瘤胃微生物。皱胃是真正的腺胃,能分泌胃酸和消化酶。

从食管末端起,沿网胃底到瓣胃入口处,有一个半开放的管道,叫食管沟。犊牛的食管沟因吸吮动作而能闭合成管状(称食管沟反射),使得乳汁经由食管、食管沟、瓣胃沟直接进入皱胃。成年牛的食管沟退化或闭合不全。

瘤胃容积占成年牛整个胃容积的80%。瘤胃分背囊和腹囊两部分,背囊和腹囊内部互通。瘤胃壁有节律的蠕动能搅和瘤胃内容物,胃黏膜上有许多叶状突起(称瘤胃乳头),在瘤胃节律性蠕动时有助于对饲料的机械研磨。

网胃呈梨状,黏膜上有许多形如蜂巢一样的小格,其容积为胃总容积的5%。

瓣胃呈两侧稍扁的球形,瓣胃壁的黏膜从横切面上看,很像一叠"百叶",约占胃总容积的7%~8%。

皱胃呈长梨形,黏膜光滑柔软,有十余个皱褶,能分泌胃液,其容积占胃总容积的7%~8%。

牛各胃的容积随年龄及体格大小而有差异,初生牛瘤胃和网胃发育不成熟,只有皱胃的一半,随着月龄增大,到4月龄时便与成年牛接近,1~1.5岁牛胃容量为70~90L,中等体格的牛胃容积量为135~180L。

2. 消化生理特点

（1）采食　牛一天的采食时间约为6~8h，放牧比舍饲采食时间更长。牛的采食约2/3在白天，1/3在夜间。黄昏和黎明采食最多，夜间9点到凌晨4点不采食。

牛采食快，容易将铁钉、铁丝、玻璃碴等异物食入瘤胃，再转移到网胃，由此可能造成创伤性网胃炎、心包炎或其它创伤性疾病。所以，喂牛时应对草料进行仔细检查。

体积大而蓬松的饲料在瘤胃内停留时间长，牛对这类饲料采食量小；而经过切碎或粉碎（不宜过细）的粗饲料，在瘤胃内停留时间短，采食量大。因此，合理加工调制粗饲料，可以增加采食量，促进青年牛和肉牛的增重。

（2）牛胃的消化　牛的消化与单胃家畜不同，最显著的特点是瘤胃里存在着大量微生物，主要是瘤胃细菌（以厌氧性细菌为主）和原虫（原生动物），每1mL瘤胃液中含细菌250亿~500亿个，原虫20万~300万个。瘤胃微生物能分解粗饲料中的粗纤维，产生大量的有机酸，即挥发性脂肪酸（VFA），VFA占牛能量营养来源的60%~80%。日粮中的蛋白质和非蛋白氮（如尿素），经过瘤胃细菌分解酶作用，被分解成氨基酸、小肽和氨，再被瘤胃细菌合成菌体蛋白，在皱胃和小肠被消化吸收。因此，只要为瘤胃微生物提供充足的氮源和碳源，就可以解决牛部分蛋白质的需要。

（3）反刍　牛采食时不经细嚼就吞下，进入瘤胃的饲料，粗硬的部分经过水的浸润、膨胀和微生物分解，粗饲料刺激网胃、瘤胃前庭和食管的黏膜引起反射性逆呕。在休息时饲料逆呕又回送到口腔，经再次咀嚼，混合大量唾液后再吞咽进入瘤胃，这一过程叫反刍。

反刍大约在牛采食后半小时开始，采食和反刍时间总共约1h。牛如果患病、过度疲劳或兴奋，都可使反刍停止，未消化的食物便会在胃内发酵和腐败，产生大量气体排不出去，引起臌胀病。牛受惊吓，反刍也会停止，因此夜间要保持牛舍的安静。

3. 牛的营养需要

不同品种、生长发育阶段、环境条件和生长速度下，肉牛对各种营养物质的需要量不同。

（1）水分　水是生命和一切生理活动的基础。牛体含水量一般占体重的55%~65%，牛肉含水量约64%，牛奶含水量约86%。

肉牛所需要的水来自饮水、饲料水和代谢水（即动物新陈代谢过程所产生的水），但主要是饮水。牛的需水量因牛的体重、年龄、饲料性质、生产力、气候等因素的不同而不同。通常情况下，250~450kg的育肥牛，在环境温度10℃时的饮水量为25~35kg。

（2）能量　牛的能量需要因品种、性别、年龄、体重、生产目的、生产水平不同，也有所不同。

牛需要的能量来自饲料中的碳水化合物、脂肪和蛋白质。其中碳水化合物是主要的能量来源，可分为结构性碳水化合物和非结构性碳水化合物，结构性碳水化合物主要成分为纤维素、半纤维素、木质素；非结构性碳水化合物主要包括可溶性糖和中速降解淀粉，主要是单糖、淀粉、有机酸和果胶物质等。结构性碳水化合物在瘤胃中被微生物分解产生 VFA，VFA 被胃壁吸收，是牛能量的主要来源。

（3）蛋白质　蛋白质是动物体所需的重要营养物质，是由各种氨基酸构成的复杂的有机化合物。由于构成蛋白质的氨基酸种类、数量与比例不同，所以蛋白质的营养价值也不同。能被动物机体利用的氨基酸有 20 多种，其中有些氨基酸是在牛体内不能合成或合成数量和速度不能满足牛的正常营养需要、必须从饲料中获得的，这些氨基酸叫必需氨基酸，如蛋氨酸、赖氨酸、色氨酸等。如果蛋白质供给不足，会使牛消瘦、虚弱、患病，甚至死亡。但蛋白质过多，则会造成浪费或者引起营养代谢病，故应根据其需要适量供给。

（4）矿物质　矿物质是牛生长发育、繁殖、产肉、产奶、新陈代谢所必需的营养物质。牛所需的矿物质主要有 7 种常量矿物质元素，即钙、磷、钾、钠、氯、硫、镁，以及部分微量矿物质元素，如铁、铜、锌、锰、碘、硒、钴、钼、铬等。

钙和磷是牛体中含量最多的矿物质，它们是构成骨骼和牙齿的重要成分，钙也是细胞和组织液的重要成分。钙缺乏会使牛产生软骨病、佝偻病、骨质疏松或母牛产后瘫痪。磷缺乏则出现异食癖，同时也会使繁殖能力和产奶量下降，生产力降低。

日粮中钙、磷比例应该为 1∶1～2∶1；钙的维持需要量为 6g/100kg 体重，磷的维持需要量为 4.5g/100kg 体重。泌乳时每产 1kg 标准乳需补钙 4.5g，补磷 3g；每增重 1kg 需补钙 20g。

钠和氯是保持体内渗透压和酸碱平衡的矿物质元素，对组织细胞中水分输出和输入起重要作用。植物性饲料含钠和氯较少，牛容易缺乏钠和氯，因此要在精料中适当补充。一般使用食盐补充钠和氯，有调味和营养的双重功能。

豆科植物是钾非常优良的来源（干苜蓿草含有1.5%），青贮玉米所含钾的数量和牛对钾的需要量大体相当（为 0.8%），而谷物中则缺钾（约为 0.3%）。

肉牛常用的微量元素有硒、锌、铜、锰、钴、碘等。生产中常将食盐和微量元素制成舔砖供牛随意舔食。

（5）维生素　维生素是维持生命和健康的重要物质，它对牛的健康、生长和繁殖都有重要作用。饲料中缺乏维生素会引起代谢紊乱，严重会导致死亡。牛瘤胃内的微生物可以合成 B 族维生素和维生素 K，维生素 C 可以在体组织内合成，维生素 D 可通过采食阳光照射的青干草或在室外晒太阳而获得，因此对牛来说一般主要补充维生素 A 和维生素 E 即可满足需要。

维生素 A 又叫抗干眼病维生素，是牛最重要的维生素，它能促进机体细胞的增殖和生长，保护呼吸系统、消化系统和繁殖系统上皮组织结构的完整和健康，维持正常的视力。同时，维生素 A 还参与性激素的形成，对提高繁殖力有重要作用。缺乏维生素 A 会妨碍幼牛生长，出现夜盲症，导致公牛繁殖力下降，母牛不孕或流产。植物性饲料中虽然不含维生素 A，但青绿饲料中含有丰富的胡萝卜素，β-胡萝卜素可在小肠和肝脏内转化为维生素 A，所以只要饲喂足够的青绿饲料，牛就可得到足够的维生素 A。放牧饲养的肉牛多以青绿饲料为主，一般不需要考虑维生素的供应。舍饲条件下，特别是在冬季，应当在饲料日粮中添加足够的维生素，其需要量为：围栏放牧肉牛按照每千克饲料干物质添加维生素 A 2200 个国际单位（IU）；怀孕育成牛和母牛添加 2800IU；泌乳母牛和公牛添加 3900IU。

由于肉牛体内不贮存维生素 D，主要依靠牛晒太阳或采食经太阳照射过的干草来供给。但在冬季光照时间短、光线弱，常常会出现维生素 D 不足的现象，需要在每千克饲料干物质中添加 275IU 维生素 D。

成年肉牛不需要额外补充维生素 E，幼龄牛对维生素 E 的需要量为每千克饲料干物质 15.4～59.4IU。

（6）肉牛的营养需要量　生长肥育牛的营养需要量见表 1-1。

表 1-1　生长肥育牛营养需要量

体重/kg	日增重/（kg/d）	干物质/（kg/d）	综合净能/（MJ/d）	肉牛能量/（RND）	粗蛋白质/（g/d）	钙/（g/d）	磷/（g/d）
150	0.5	3.7	16.74	2.07	465	19	10
	1	4.75	22.64	2.8	665	34	15
175	0.5	4.07	18.7	2.32	489	20	10
	1	5.16	25.23	3.12	686	34	15
225	0.5	4.78	22.89	2.83	535	20	12
	1	5.96	30.79	3.81	726	34	16
250	0.5	5.13	25.1	3.11	558	21	12
	1	6.36	33.72	4.18	746	34	17
275	0.5	5.47	27.36	3.39	581	21	13
	1	6.74	36.74	4.55	766	34	17
300	0.5	5.79	29.58	3.66	603	21	14
	1	7.11	39.71	4.92	785	34	18
325	0.5	6.12	31.59	3.91	624	22	14
	1	7.49	42.43	5.25	803	33	18
350	0.5	6.43	33.6	4.16	645	22	15
	1	7.85	45.15	5.59	824	33	19
375	0.5	6.74	35.61	4.41	669	22	16
	1	8.2	47.87	5.93	845	33	19
400	0.5	7.06	37.66	4.66	689	23	17
	1	8.56	50.63	6.27	866	33	20
425	0.5	7.35	39.54	4.9	712	23	17
	1	8.91	53.22	6.59	886	33	20
450	0.5	7.66	41.38	5.12	732	23	18
	1	9.26	55.77	6.9	906	33	21

续表

体重/kg	日增重/（kg/d）	干物质/（kg/d）	综合净能/（MJ/d）	肉牛能量/（RND）	粗蛋白质/（g/d）	钙/（g/d）	磷/（g/d）
475	0.5	7.96	43.26	5.35	754	24	19
	1	9.6	58.32	7.22	928	33	21
500	0.5	8.25	45.1	5.58	776	24	19
	1	9.94	60.88	7.53	947	33	22

注：数据来源于《肉牛饲养标准》（NY/T 815—2004）。

二、羊的营养特点

1. 消化器官结构特点

羊也是反刍动物，在消化器官结构上与牛相似。羊嘴尖，唇薄齿利，上唇有一纵沟，增加了上唇的采食灵活性，其次下颚门齿向外倾斜。羊同牛一样有四个胃，其中瓣胃最小。

2. 消化生理特点

羊嘴较尖，唇薄而灵活，牙齿锐利，吃草时口唇与地面接近，能啃吃短草和拣吃草屑。咀嚼有力，采食秸秆饲料的能力较强。羊还喜欢采食细叶小草叶和灌木嫩枝。

羊的肠道约 25m，约为其体长的 26～27 倍左右，食物通过消化道的时间较长，提高了羊对各种营养物质的消化吸收力。

羊放牧时，采食一阵后即停止，开始进行反刍，边反刍边休息和走动，然后再采食，所以要保证放牧时间足够长。一般情况下，反刍时间与放牧时间的比值为 0.8∶1。

3. 羊的营养需要

（1）**能量** 羊呼吸、运动、生长、维持体温等全部生命活动都需要能量。饲料中的碳水化合物、脂肪和蛋白质都可以供应能量。含淀粉、糖和粗纤维的碳水化合物是能量的主要来源。

（2）**蛋白质** 蛋白质是羊机体必需的营养，不但组成各种组织、器官，而且也是体内酶、激素、抗体及肉、皮、毛等产品的主要成分。蛋白质的营养作用是碳水化合物、脂肪等营养物质所不能替代的。饲料中蛋白质供应不足时，会造成羊消化功能减退、生长缓慢、体重减轻、发育受阻、抗病力减弱，严重缺乏时甚至引起死亡。蛋白质是由 20 多种氨基酸组成的，氨基酸又分为必需氨基酸和非必需氨基酸。羊瘤胃内的细菌和纤毛虫能把饲料中蛋白质分解，再合成菌体蛋白，也能利用非蛋白氮合成菌体蛋白，菌体蛋白进入小肠被吸收，菌体蛋白的氨基酸比例均衡，是优质蛋白质。羊对饲料中蛋白质的品质要求不严格，一般也不会缺乏必需氨基酸。羔羊瘤胃功能发育不全，微生物区系尚未建立起来，所以羔羊时期（2～3 月龄前）要提供赖氨酸、蛋氨酸、色氨酸、苏氨酸等必需氨基酸。

(3) 脂肪 羊体内的脂肪主要由饲料中碳水化合物转化为脂肪酸，之后再合成体脂肪，但羊机体不能直接合成亚油酸等必需脂肪酸，必须从饲料中获得。如果日粮中缺乏必需脂肪酸，羔羊生长发育缓慢、皮肤干燥、被毛粗直、易患维生素A、维生素D和维生素E缺乏症。豆科作物籽实、玉米糠及稻糠等均含有较多脂肪，是羊日粮中脂肪的重要来源，羊日粮中一般不必额外添加脂肪。

(4) 矿物质 矿物质是构成体组织不可缺少的成分之一，参与体内各种生命活动，是保证羊机体健康所必需的营养物质。

钙和磷是羊体内含量较多的矿物质，是骨骼和牙齿的主要成分，约有99%的钙和80%的磷存在于骨骼和牙齿中。钙是细胞和组织液的重要成分，磷是核酸、磷脂和磷蛋白的组成成分。

羊的日粮中钙磷比应为1.5：1～2：1。日粮中缺乏钙或钙磷比例不适当时，羊食欲减退、消瘦、生长发育不良，幼畜患佝偻病，成年羊患软骨症或骨质疏松、易骨折。磷缺乏时，羊出现异食癖，如吃羊毛、砖块、泥土等。在生产中，如果发现羊啃墙土、啃干粪、啃毛等情况，一般是钙、磷或微量元素缺乏。

钠和氯是组成胃液成分的矿物质元素，也是维持渗透压及离子平衡的重要离子，并参与水的代谢。钠和氯长期缺乏，会引起食欲下降。补充钠和氯一般用食盐，氯化钠既是营养物质又是调味剂，可以提高羊的食欲、促进生长。植物性饲料，尤其是作物秸秆含钠、氯较少，因此应经常给羊补盐。一般按日粮干物质的0.15%～0.25%或混合精料的0.5%～1%补给。对于放牧饲养的羊群，一般放牧员会随身携带一些食盐，并在放牧过程中将食盐洒在干净的岩石上供羊舔食。青粗饲料中含钾多，钾能促进钠的排出，为此对放牧饲养的羊要多补一些食盐，以粗饲料为主的羊要比以精料为主的羊多喂些。

铁主要存在于羊的肝脏和血液中。饲料中缺铁时，羊易患贫血症，羔羊尤为敏感。供铁过量会引起磷的利用率降低，导致软骨症。幼嫩的青绿饲料和谷类含铁丰富。

铜元素与铁元素的代谢存在协同效应，参与造血过程，促进血红素的合成。当机体缺铜时，铁的利用效率也降低，造成贫血、消瘦、骨质疏松、皮毛粗硬、毛品质下降等。日粮中铜过量会引起中毒，尤其是羔羊对铜耐受力较差。饲料中一般含铜较多，但缺铜地区生长的植物含铜量较低，容易引起铜缺乏症。在饲料配合时可使用硫酸铜、氯化铜来弥补。

锌是构成动物体内铜锌超氧化物歧化酶等多种酶的重要成分，具有抗氧化功能，能影响性腺活动和提高性激素活性，还可防止皮肤干裂和角质化。日粮中缺乏锌时，会导致羔羊生长缓慢、皮肤不完全角化，发生脱毛和皮炎，公羊睾丸发育不良等。

锰对羊的生长、繁殖和造血都有重要作用，是多种酶的激活剂，参与体内一系列营养物质的代谢。当羊严重缺锰时，羔羊生长缓慢、骨组织损伤、骨骼弯曲、骨折和繁殖障碍。

硫是蛋氨酸、胱氨酸、半胱氨酸等含硫氨基酸的组成成分，硫参与体蛋白、激素和被毛的合成。羊瘤胃微生物能利用无机硫和非蛋白氮合成含硫氨基酸。日粮干物质中氮硫比例以 5：1～10：1 为宜。因此在给肉羊饲喂尿素的同时可补硫酸铜 10g，使硫占日粮干物质的 0.25%，这样可有效提高产毛（绒）量，增加羊毛（羊绒）强度和长度。此外补硫对防止羊肠毒血症效果显著。

钴是维生素 B_{12} 的组成成分，饲料缺钴会影响维生素 B_{12} 的合成。缺钴地区生长的牧草含钴量较低，当每千克饲草干物质含钴量低于 0.07mg 时，应在羊的日粮中补充钴，一般选用硫酸钴或氯化钴。

硒是谷胱甘肽过氧化酶的组成成分，具有抗氧化作用，能把过氧化脂类还原，防止过氧化物在体内蓄积。缺硒可引起羔羊白肌病，在缺硒地区要在日粮中补硒，一般用亚硒酸钠。

（5）维生素 维生素对维持羊的健康、生长和繁殖有十分重要的作用。成年羊瘤胃微生物能合成维生素 B 族和维生素 C，及维生素 K，这几类水溶性维生素除哺乳期羔羊外，其他羊一般不会缺乏。维生素 A、维生素 D、维生素 E 是脂溶性维生素，羊的体内不能合成，需要在日粮中供给充足。

羊缺乏维生素 A 时，采食量下降、生长停滞、消瘦、出现干眼症或夜盲症，母羊受胎率低、易流产或产死胎，公羊性欲低、射精量少。维生素 A 不直接存在于植物性饲料中，但胡萝卜中的 β-胡萝卜素可以在肝脏内转化为维生素 A。一般优质青干草和青绿饲料中含有丰富的胡萝卜素。而作物秸秆、饼粕中缺乏胡萝卜素，羊长期饲喂这些饲料时要补充维生素 A。市售的维生素 A 添加剂有维生素 A 乙酸酯和维生素 A 棕榈酸酯。

维生素 D 又叫抗佝偻病维生素，可以增加小肠对钙、磷的吸收。缺维生素 D 时会影响钙、磷代谢，食欲不振、体质虚弱、四肢强直、被毛粗糙，羔羊易患佝偻病，成年羊骨质疏松、关节变形、易患软骨病。获得维生素 D 最经济的方式是让羊多晒太阳，羊的皮肤和被毛上含有 7-脱氢胆固醇，经紫外线照射可转化为维生素 D_3 而被机体吸收利用。

维生素 E 又叫生育酚、抗不育维生素，在机体内起催化和抗氧化作用。缺乏维生素 E 时，羔羊易患白肌病，公羊睾丸发育不良、精液品质差，母羊受胎率降低、流产或死胎。一般羔羊每千克日粮干物质中维生素 E 不应低于 15～16IU，成年羊一般日粮所含的维生素 E 可满足需要。谷实的胚和幼嫩青绿饲料中含维生素 E 较多，加工过程中易被氧化破坏。生产中羊维生素 E 的补充可使用 DL-α-生育酚醋酸酯。

（6）水 水是羊体重要组成成分之一。水是饲料消化、吸收、营养物质代谢、排泄及体温调节等生理活动所必需的物质，是羊生命活动不可缺少的。当体内水分不足时，羊的胃肠蠕动减慢、消化紊乱、体温调节功能遭到破坏。特别是在缺水情况下脂肪过度沉积（肥育），会引发肠毒血症、食欲减退、肾炎等症状。羊需要的水主要由饮水供应。需水量因品种、体重、气温、日粮营养和饲养方式的不同而异，一般采食 1kg 干物质约需水 3～5kg，每日应保证羊自由饮水 2～3 次。

（7）羊的营养需要量 绵羊各生长阶段营养需要量见表 1-2 和表 1-3。山羊各生长阶段的营养需要见表 1-4 和表 1-5。

表 1-2 生长育肥绵羊羔羊每日营养需要量

体重/kg	日增重/（kg/d）	干物质采食量/（kg/d）	消化能/（MJ/d）	代谢能/（MJ/d）	粗蛋白质/（g/d）	钙/（g/d）	总磷/（g/d）	食盐/（g/d）
4	0.2	0.12	2.8	2.72	62	0.9	0.5	0.6
6	0.2	0.13	3.43	3.36	62	1	0.5	0.6
8	0.2	0.16	4.06	3.39	62	1.3	0.7	0.7
10	0.2	0.24	5.02	4	87	1.4	0.75	1.1
12	0.2	0.32	5.44	5.02	90	1.5	0.8	1.3
14	0.2	0.4	8.28	5.86	91	1.8	1.2	1.7
16	0.2	0.48	7.11	8.28	92	2.2	1.5	2
18	0.2	0.56	7.95	7.11	95	2.5	1.7	2.3
20	0.2	0.64	8.37	7.53	96	2.9	1.9	2.6

注：数据来源于《肉羊饲养标准》（NY/T 816—2004）。

表 1-3 育肥绵羊每日营养需要量

体重/kg	日增重/（kg/d）	干物质采食量/（kg/d）	消化能/（MJ/d）	代谢能/（MJ/d）	粗蛋白质/（g/d）	钙/（g/d）	总磷/（g/d）	食盐/（g/d）
20	0.3	1	13.6	11.2	183	3.8	3.1	7.6
25	0.3	1.1	15.8	13	191	4.3	3.4	7.6
30	0.3	1.2	18.1	14.8	200	4.8	3.8	8.6
35	0.3	1.3	18.2	16.6	207	5.2	4.1	8.6
40	0.3	1.4	22.6	18.4	204	5.7	4.5	9.6
45	0.3	1.5	24.8	20.3	210	6.2	4.9	9.6
50	0.3	1.6	27.2	22.1	215	6.7	5.2	11

注：数据来源于《肉羊饲养标准》（NY/T 816—2004）。

表 1-4 生长育肥山羊羔羊每日营养需要量

体重/kg	日增重/（kg/d）	干物质采食量/（kg/d）	消化能/（MJ/d）	代谢能/（MJ/d）	粗蛋白质/（g/d）	钙/（g/d）	总磷/（g/d）	食盐/（g/d）
4	0.04	0.18	2.2	1.85	22	1.7	1.1	0.9
6	0.1	0.27	5.27	4.32	67	4	2.6	1.3
8	0.1	0.33	7.33	6.01	69	4.1	2.7	1.7
10	0.1	0.56	9.38	7.69	72	4.2	2.8	2.8
12	0.1	0.58	11.3	9.35	74	4.4	2.9	2.9
14	0.1	0.6	13.4	10.99	76	4.5	3	3
16	0.1	0.62	15.43	12.65	78	4.6	3.1	3.1

注：数据来源于《肉羊饲养标准》（NY/T 816—2004）。

表 1-5　育肥山羊每日营养需要量

体重/kg	日增重/（kg/d）	干物质采食量/（kg/d）	消化能/（MJ/d）	代谢能/（MJ/d）	粗蛋白质/（g/d）	钙/（g/d）	总磷/（g/d）	食盐/（g/d）
15	0.2	0.71	7.21	5.91	84	8.1	5.4	3.6
20	0.2	0.76	8.29	6.8	87	8.5	5.6	3.8
25	0.2	0.81	9.31	7.63	91	8.8	5.9	4
30	0.2	0.85	10.27	8.42	94	9.1	6.1	4.2

注：数据来源于《肉羊饲养标准》(NY/T 816—2004)。

第二节　常用精饲料

牛羊常用的精饲料包括能量饲料、蛋白质饲料、矿物质饲料、维生素饲料和饲料添加剂。

能量饲料主要包括玉米、高粱、大麦等谷实类以及糠麸类，能量饲料一般占日粮中精饲料的 60%～70%。蛋白质饲料主要包括豆饼（粕）、棉籽饼（粕）、菜籽饼（粕）、花生饼（粕）、棕榈粕、鱼粉等，以及非蛋白氮饲料，蛋白质饲料一般占日粮中精饲料的 20%～25%。矿物质饲料包括石粉、贝壳粉、磷酸盐类、食盐、微量元素等。维生素饲料主要有维生素 A、维生素 D、维生素 E 等脂溶性维生素和维生素 B_1、维生素 B_2 等。饲料添加剂主要有抗氧化剂、小苏打等，添加剂通常占日粮中精饲料的 3%～5%。矿物质饲料、维生素饲料和饲料添加剂通常以预混料的形式添加到牛羊精料补充料中。

一、能量饲料

1. 玉米

（1）营养特性

① 能量：玉米的可利用能值高，肉牛的消化能为 14.47～16.90MJ/kg，肉羊的消化能为 14.23～14.27MJ/kg，玉米的可利用能值是谷实类籽实中最高的。

② 脂肪：玉米的脂肪含量为 3.5%～4.9%，其中必需脂肪酸亚油酸含量高达 2%，是谷实类籽实中最高的。在畜禽日粮中玉米比例达 50%以上，即可完全满足畜禽对亚油酸的需要量。高赖氨酸玉米中粗脂肪含量达 5.3%。

③ 蛋白质：玉米蛋白质含量为 7.8%～9.4%，品质不高，主要表现在醇溶蛋白含量多，利用率差除了高赖氨酸品种的玉米外，普遍缺乏赖氨酸和色氨酸。

④ 维生素：黄玉米中含有丰富的胡萝卜素和类胡萝卜素，而维生素 D、维生素 K

缺乏。水溶性维生素中 B_1 较多，维生素 B_2 和烟酸较少。

⑤ 矿物质：玉米含钙极少，磷主要以植酸磷形式存在，铁、铜、锰、锌、硒等微量元素含量也较低。

⑥ 色素：黄玉米含色素较多，主要是 β-胡萝卜素、叶黄素（黄体素）和玉米黄质。

玉米的具体营养价值见表 1-6。

表 1-6 玉米的营养价值

指标	含量	指标	含量
干物质/%	86～88	粗纤维/%	1.2～2.6
粗蛋白/%	8.0～9.4	中性洗涤纤维/%	9.3～9.9
肉牛消化能/(MJ/kg)	14.47～14.87	酸性洗涤纤维/%	2.7～3.5
肉牛增重净能/(MJ/kg)	7.0～7.21	粗灰分/%	1.2～1.4
羊消化能/(MJ/kg)	14.10～16.99	钙/%	0.02～0.16
羊代谢能/(MJ/kg)	11.7	磷/%	0.22～0.27
粗脂肪/%	3.1～3.6		

注：数据来源于《肉牛饲养标准》（NY/T 815—2004）、《肉羊饲养标准》（NY/T 816—2004）和《中国饲料成分及营养价值表（第 31 版）》。

（2）饲喂价值 玉米是肉牛、肉羊的黄金能量饲料，常在肉牛、肉羊日粮中被应用，特别是在育肥期的日粮中被大量使用。

玉米中淀粉含量高，淀粉在瘤胃中可快速降解产生丙酸，经过破碎、压片、膨化等加工的玉米中淀粉瘤胃降解速度更快，一次进食过多的玉米易导致牛羊酸中毒，因此，育肥牛羊精料中的玉米添加要逐渐增加使用量。

玉米中的磷主要以植酸磷形式存在，成年牛羊可以通过瘤胃微生物将植酸磷分解再经真胃和小肠消化吸收，而羔羊和犊牛对植酸磷的利用率低。在生产中可以在饲料中添加植酸酶，使植酸磷分解成有效磷。

（3）加工调制 玉米的主要加工方法是粉碎和压片。对于肉牛饲喂整粒玉米容易造成过料，所以要将玉米粉碎，但粉碎过细又容易导致瘤胃内膜发炎，所以玉米粉碎的粒度以 2mm 左右为宜。整粒的玉米可以喂羊，生产中一般将玉米粉碎与其它蛋白饲料（豆粕、菜粕、棉粕等）及预混剂混合成精料补充料，再与粗饲料一起制成全混合日粮（TMR）使用。

压片分为干碾压片和蒸汽压片，其中干碾压片是利用碾棍将玉米压成碎片；蒸汽压片则是先将谷物用蒸汽处理，使其中的水分含量达到 18%～20%，部分淀粉被糊化之后，再使用压棍将玉米压片。压片玉米的消化利用率和转化率更高。使用蒸汽压片玉米饲喂肉牛时，压片厚度以 0.7～1.2mm 最好。

2. 高粱

（1）营养特性 高粱的能值比玉米少，高粱对肉牛的消化能为 13.09～13.31MJ/kg，对于羊的消化能为 13.05MJ/kg。

蛋白质含量约为 8.5%~9.8%，主要是高粱醇溶蛋白，品质较差，缺乏赖氨酸、精氨酸、组氨酸和蛋氨酸，与玉米蛋白质相比，更不易消化。脂肪含量 3.3%~4.1%，低于玉米，高粱脂肪酸中饱和脂肪酸比玉米稍多，因而脂肪的熔点高。维生素 B_2、维生素 B_6 的含量与玉米相当，泛酸、烟酸、生物素含量高于玉米，但烟酸和生物素的利用率均较低。色素含量低，无着色功能。高粱的营养成分含量见表1-7。

表1-7　高粱的营养价值

指标	含量	指标	含量
干物质/%	87~89.3	粗纤维/%	1.4
粗蛋白/%	8.5~9.8	中性洗涤纤维/%	17.4
肉牛消化能/(MJ/kg)	13.09~13.31	酸性洗涤纤维/%	8
肉牛增重净能/(MJ/kg)	5.44	粗灰分/%	1.8
羊消化能/(MJ/kg)	13.05	钙/%	0.13
羊代谢能/(MJ/kg)	12.22~12.33	磷/%	0.36
粗脂肪/%	3.4		

注：数据来源同表1-6。

（2）饲喂价值　高粱对肉牛的饲喂价值约为玉米的 88%~103%，与加工处理方法有关。高粱易于贮存和处理，将高粱和玉米配合饲喂肉牛，可以延长食物在牛消化道内的存留时间，使其充分消化，从而提高饲料利用率和日增重。

高粱籽实中含有单宁，味道涩，适口性差，易引起便秘，不宜作为妊娠母畜的饲料，以免因便秘导致流产。单宁较高的高粱品种（红粒高粱）在肉羊饲料中用量不宜超过 10%，单宁含量低的品种（黄粒和白粒高粱）可在精料中用到 70%。

（3）加工调制　可以采用浸泡发芽、磨碎、蒸汽制片等加工方法处理高粱。糖化后的高粱饲喂牛羊，可显著提高适口性。为改善高粱的饲喂价值，也可以向高粱日粮中添加特异性酶制剂（SSE），SSE 可分解阻碍高粱养分消化的物理屏障，提高高粱营养物质消化率。

3. 大麦

（1）营养特性　大麦分为皮大麦和裸大麦两种。

大麦的粗蛋白含量为 11%~13%，其蛋白质以及赖氨酸、苏氨酸、色氨酸和异亮氨酸含量均高于玉米。粗脂肪含量为 1.7%~2.1%，低于玉米含量。大麦中亚油酸含量低，仅为 0.83%。皮大麦含粗纤维较高，达到 4.8%。大麦的维生素 B_1、维生素 B_6、烟酸、胡萝卜素和维生素 E 含量比其它谷物和豆类籽实饲料高。大麦磷含量与高粱接近，高于玉米而低于小麦和燕麦；钾含量高于其它谷物和豆类籽实饲料。大麦含有单宁，对适口性和蛋白质消化率有一定影响。大麦的具体营养价值见表1-8。

表 1-8　大麦的营养价值

指标	皮大麦	裸大麦
干物质/%	87	
粗蛋白/%	11	13
肉牛消化能/(MJ/kg)	13.31	
肉牛增重净能/(MJ/kg)	5.64	5.99
羊消化能/(MJ/kg)	13.22	13.43
羊代谢能/(MJ/kg)	12.29	
粗脂肪/%	1.7	2.1
粗纤维/%	4.8	2
中性洗涤纤维/%	18.4	10
酸性洗涤纤维/%	6.8	2.2
粗灰分/%	2.4	2.2
钙/%	0.09	0.04
磷/%	0.33	0.39

注：数据来源同表 1-6。

（2）饲喂价值　大麦中的淀粉在瘤胃中发酵速度快，因此，大麦在肉羊日粮中所占比例不宜高于 40%，防止发生酸中毒。大麦作为羊的饲料时，各种加工处理对饲喂效果影响不大。在肥羔生产中，大麦可作为玉米的有效替代饲料，能显著降低饲料成本。

（3）加工调制　我国仅局部地区将大麦压扁或磨碎用作动物饲料。

4. 燕麦

（1）营养特性　燕麦籽粒含有丰富的营养，粗蛋白质含量为 12%～18%，而且赖氨酸含量比玉米、小麦要高。脂肪含量达 4%～6%，不饱和脂肪酸含量高。燕麦含有丰富的 B 族维生素和维生素 E，矿物质中钙、磷、铁、锌含量丰富。燕麦籽粒的具体营养价值见表 1-9。

表 1-9　燕麦籽粒的营养价值

指标	含量	指标	含量
干物质/%	90.3	粗纤维/%	9.9
粗蛋白/%	11.6	中性洗涤纤维/%	29.3
肉牛消化能/(MJ/kg)	13.28	酸性洗涤纤维/%	14
肉牛增重净能/(MJ/kg)	25.86	粗灰分/%	3.9
羊消化能/(MJ/kg)	—	钙/%	0.15
羊代谢能/(MJ/kg)	12.05	磷/%	0.33
粗脂肪/%	12.8		

注：数据来源同表 1-6。

（2）饲喂价值 燕麦适宜饲喂反刍动物，常常作为羔羊和犊牛的开食料，掺有糖蜜的燕麦片具有更好的适口性。成年羊使用燕麦可以整粒饲喂。

（3）加工调制 成年羊整粒使用，羔羊压片使用。

5. 小麦麸

（1）营养特性 小麦麸的有效能值较高，仅次于玉米。蛋白质含量为12.5%～17%。维生素含量丰富，富含B族维生素和维生素E，但B族维生素中烟酸利用率仅为35%。矿物质含量丰富，特别是微量元素铁、锰、锌较高；但缺乏钙；磷含量高，主要是植酸磷，但小麦麸中本身存在较高活性的植酸酶。小麦麸的具体营养价值见表1-10。

表1-10 小麦麸的营养价值

指标	含量	指标	含量
干物质/%	87	粗纤维/%	6.5～6.8
粗蛋白/%	14.3～15.7	中性洗涤纤维/%	37.0～41.3
肉牛消化能/(MJ/kg)	11.37	酸性洗涤纤维/%	11.9～13.0
肉牛增重净能/(MJ/kg)	4.50～4.55	粗灰分/%	4.8～4.9
羊消化能/(MJ/kg)	12.10～12.18	钙/%	0.10～0.11
羊代谢能/(MJ/kg)	10.86	磷/%	0.92～0.93
粗脂肪/%	3.9～4.0		

注：数据来源同表1-6。

（2）饲喂价值 小麦麸容积大，纤维含量高，适口性好，是奶牛、肉牛及羊的优良饲料原料，用量可占其饲粮的25%～30%，甚至更高。

（3）加工调制 小麦麸直接添加在牛羊精料中即可。

6. 米糠

（1）营养特性 粗纤维含量11%以下的米糠有效能值较高，对于羊的消化能为13.77MJ/kg，肉牛的增重净能为5.85MJ/kg。米糠的蛋白质含量高于玉米，约为12.5%；赖氨酸含量高于玉米，约为0.55%。

米糠脂肪含量约为15%，最高达22.4%，且大多属于不饱和脂肪酸，油酸及亚油酸占79.2%。米糠钙含量偏低；磷含量较高，主要是植酸磷，利用率不高。微量元素中铁、锰丰富，而铜含量偏低。米糠富含B族维生素和维生素E，而缺少维生素C和维生素D。米糠的营养价值见表1-11。

表1-11 米糠的营养价值

指标	含量	指标	含量
干物质/%	87	羊消化能/(MJ/kg)	13.77
粗蛋白/%	12.8	羊代谢能/(MJ/kg)	12.66（干物质为90.2%）
肉牛消化能/(MJ/kg)	13.93（干物质为90.2%）	粗脂肪/%	16.5
肉牛增重净能/(MJ/kg)	5.85	粗纤维/%	5.7

指标	含量	指标	含量
中性洗涤纤维/%	22.9	钙/%	0.07
酸性洗涤纤维/%	13.4	磷/%	1.43
粗灰分/%	7.5		

注：数据来源同表1-6。

（2）饲喂价值 米糠对牛的适口性好，能值高，肉牛和奶牛均可使用。但脂肪变质的米糠适口性下降，易引起腹泻，使体脂变软并带黄色。生产中脱脂米糠的使用比较安全，应用范围更广。米糠的饲喂量在肉牛日粮中占20%～30%比较合适。

（3）加工调制 米糠直接添加在牛羊饲料中即可。

7. 甜菜渣

（1）营养特性 饲料级甜菜渣即为甜菜粕，干甜菜粕中无氮浸出物含量高，可达56.5%；粗蛋白和粗脂肪少。粗纤维含量多，鲜样中含量为2.4%～3.0%，绝干样中含量为20.0%～24.8%。甜菜渣的粗纤维消化率也较高，约80%。干甜菜渣对牛的产奶净能约为6.7MJ/kg，肉牛的增重净能为4.6MJ/kg。矿物质中的钙含量多而磷含量少，维生素中除烟酸含量稍多外，其它维生素含量均较低。甜菜粕的营养价值见表1-12。

表1-12 甜菜粕的营养价值

指标	含量	指标	含量
干物质/%	91	粗纤维/%	21
粗蛋白/%	11	中性洗涤纤维/%	41
肉牛消化能/（MJ/kg）	25.00（干物质为8.4%）	酸性洗涤纤维/%	21
肉牛增重净能/（MJ/kg）	4.6	粗灰分/%	6
羊消化能/（MJ/kg）	—	钙/%	0.65
羊代谢能/（MJ/kg）	9.77（干物质为8.4%）	磷/%	0.08
粗脂肪/%	0.7		

注：数据来源同表1-6。

（2）饲喂价值 甜菜渣是可消化纤维的良好来源，可以作为后备牛以及育肥牛的纤维来源。甜菜渣在育肥牛生产中，还可以用作能量饲料的补充，代替50%左右的青贮饲料，并节约部分精料。饲喂甜菜渣时，应适当搭配一些干草、青贮料、饼粕、糠麸、胡萝卜，以补充其不足的养分。犊牛应少喂或不喂甜菜渣。干甜菜渣喂前先用水浸泡，水的用量是干甜菜渣的2～3倍，浸泡5～6h，使含水量达85%。

（3）加工调制 甜菜渣不仅可以鲜喂、干喂，也可以进一步加工，如制备甜菜渣青贮料、制作甜菜颗粒粕和固态发酵等，这样可提高其利用率。

8. 糖蜜

（1）营养特性 糖蜜的主要成分为糖类，甘蔗糖蜜含蔗糖 24%～36%；其它含糖约 12%～24%；甜菜糖蜜所含糖类几乎全为蔗糖，约 47%。此外糖蜜中无氮浸出物还含有 3%～4%的可溶性胶体。糖蜜的粗蛋白含量较低，一般为 3%～6%，且多为非蛋白氮类，蛋白质生物学价值较低。糖蜜的矿物质含量较高，为 8%～10%，但钙、磷含量较低，而钾、氯、钠、镁含量较高，因此糖蜜具有轻泻作用。一般糖蜜维生素含量低，但甘蔗糖蜜中泛酸含量较高，达 37mg/kg。

糖蜜的营养价值见表 1-13。

表 1-13 糖蜜的营养价值

指标	含量	指标	含量
干物质/%	75～78	粗纤维/%	6.7
粗蛋白/%	5.8～10.3	中性洗涤纤维/%	—
肉牛消化能/(MJ/kg)	12.98～13.90	酸性洗涤纤维/%	—
肉牛增重净能/(MJ/kg)	6.85～7.52	粗灰分/%	7.9～13.1
羊消化能/(MJ/kg)	—	钙/%	0.17～1.72
羊代谢能/(MJ/kg)	—	磷/%	0.03～0.15
粗脂肪/%	0.1～0.9		

注：数据来源于《奶牛营养需要》（第六次修订，周建民，张晓明，等译）和《中国饲料成分及营养价值表（第 31 版）》。

（2）饲喂价值 糖蜜可为反刍动物瘤胃微生物提供充足的速效能源，有利于瘤胃微生物合成菌体蛋白，因此配合一定量的非蛋白氮类饲料饲喂反刍家畜，有利于节约饲料成本，提高育肥增重效果。

添加糖蜜可使颗粒精补料的制粒成型效果更好，还可以改善颗粒饲料的适口性。对于以劣质干草为主的日粮，添加 10%～20%的糖蜜可以提高肉牛整体采食量。糖蜜作为育肥羊的饲料，用量宜在 10%以下。

（3）加工调制 糖蜜一般在加工调制精料时直接添加，搅拌均匀即可饲喂。在制作精饲料颗粒时用于提高饲料成型性。

二、蛋白质饲料

1. 豆粕

（1）营养特性 豆粕是大豆浸提法或预压浸提法提取油脂后的副产物。豆粕有效能值高，羊的消化能为 15.15MJ/kg，肉牛的增重净能为 11.73MJ/kg。豆粕脂肪含量少，约为 1.5%～1.9%。豆粕蛋白质含量在 44%以上，而且氨基酸较为平衡，蛋白质品质好。豆粕的营养价值见表 1-14。

表 1-14　豆粕的营养价值

指标	含量	指标	含量
干物质/%	89	粗纤维/%	3.3~5.9
粗蛋白/%	44.2~47.9	中性洗涤纤维/%	8.8~13.6
肉牛消化能/(MJ/kg)	—	酸性洗涤纤维/%	5.3~9.6
肉牛增重净能/(MJ/kg)	11.73	粗灰分/%	4.6~6.1
羊消化能/(MJ/kg)	15.15	钙/%	0.33~0.34
羊代谢能/(MJ/kg)	—	磷/%	0.62~0.65
粗脂肪/%	1.5~1.9		

注：数据来源同表 1-6。

（2）饲喂价值　豆粕通常作为肉牛蛋白质来源的黄金参照标准，其它蛋白产品常以它作为参照物。架子牛在短期育肥时，豆粕等蛋白质精饲料在日粮中占比 10%~13%；随着架子牛体重不断增加，豆粕等蛋白质精饲料在日粮中占比逐步减少；在架子牛育肥后期，豆粕等蛋白质精饲料在日粮中占比 10% 即可。

（3）加工调制　脱毒处理过的豆粕可直接添加在饲料中使用。生产中膨化豆粕适口性和消化率更好，适于幼龄牛羊使用。

2. 棉籽粕

（1）营养特性　棉籽粕是棉籽提取油脂时的副产品。羊的消化能为 12.47~13.05MJ/kg，肉牛的增重净能大约为 10.07MJ/kg。棉籽粕是优质蛋白质资源，常作为豆粕的替代品。棉籽粕的粗蛋白含量 43.5%~47%，其中精氨酸含量高达 3.6%~3.8%，赖氨酸含量仅为 1.3%~1.5%，蛋氨酸约为 0.4%。其中赖氨酸的利用率较差，是棉籽饼、粕的第一限制性氨基酸。棉籽粕营养价值的差异取决于制油前去壳程度、出油率以及加工工艺等，浸提处理后棉籽粕粗脂肪含量低，一般在 2.5% 以下。棉籽粕中的游离棉酚是营养抑制剂，棉籽粕中的棉酚通常比全棉籽粒含量低，在棉籽粕加工过程设计脱酚工艺可降低棉酚含量，另外棉花育种中已培育出低棉酚品种。棉籽粕的营养价值见表 1-15。

表 1-15　棉籽粕的营养价值

指标	含量	指标	含量
干物质/%	90	粗纤维/%	10.2~10.5
粗蛋白/%	43.5~47	中性洗涤纤维/%	22.5~28.4
肉牛消化能/(MJ/kg)	—	酸性洗涤纤维/%	15.3~19.4
肉牛增重净能/(MJ/kg)	10.07	粗灰分/%	6.0~6.6
羊消化能/(MJ/kg)	12.47~13.05	钙/%	0.25~0.28
羊代谢能/(MJ/kg)	—	磷/%	1.04~1.10
粗脂肪/%	0.5		

注：数据来源同表 1-6。

（2）饲喂价值 棉籽粕中的棉酚引起反刍动物中毒的情况较少，因此棉籽粕是反刍家畜良好的蛋白质来源。肉牛可以用棉籽粕作为主要蛋白质饲料，但应供给优质粗饲料，再补充胡萝卜素和钙，就能获得良好的增重效果，一般棉籽粕在精料中可占30%～40%。在肉牛育肥后期用棉籽粕替代豆粕可有效降低成本。

棉籽粕也可作为羊的优质蛋白质饲料来源，同样需配合优质粗料，用量超过精料的50%会引起适口性变差。

（3）使用方法 棉籽粕一般与优质蛋白质，如豆粕等配合使用效果更好。

3. 菜籽饼/粕

（1）营养特性 菜籽饼/粕对肉牛的增重净能为3.90～3.98MJ/kg，对羊的消化能为12.05～13.14MJ/kg。菜籽粕蛋白质含量达34%～38%，氨基酸组成较平衡，含硫氨基酸含量高，精氨酸、赖氨酸含量较低，但精氨酸与赖氨酸间较平衡。国产菜籽粕的赖氨酸含量比国外同类产品低30%左右，比大豆饼粕低40%左右。菜籽饼/粕的粗纤维含量较高，影响其有效能值。菜籽饼/粕含钙较高，磷含量高于钙，大部分是以植酸磷形式存在。微量元素中铁含量丰富，其它元素含量较少。菜籽饼和菜籽粕的营养价值见表1-16。

表1-16 菜籽饼/粕的营养价值

指标	菜籽饼	菜籽粕	指标	菜籽饼	菜籽粕
干物质/%	88	88	粗纤维/%	11.4	11.8
粗蛋白/%	35.7	38.6	中性洗涤纤维/%	33.3	20.7
肉牛消化能/(MJ/kg)	14.39	—	酸性洗涤纤维/%	26	16.8
肉牛增重净能/(MJ/kg)	3.9	3.98	粗灰分/%	7.2	7.3
羊消化能/(MJ/kg)	13.14	12.05	钙/%	0.59	0.65
羊代谢能/(MJ/kg)	12.02	—	磷/%	0.96	1.02
粗脂肪/%	7.4	1.4			

注：数据来源同表1-6。

（2）饲喂价值 菜籽粕对牛的适口性差，能引起甲状腺肿大，但对反刍动物的影响比单胃动物小。不脱毒的菜籽粕在肉牛饲料中使用不得超过7%，脱毒后可增加用量。

（3）使用方法 菜籽粕可直接使用。

4. 花生饼（粕）

（1）营养特性 花生饼的有效能值较高，比大豆饼（粕）略高；蛋白质含量也高，比大豆饼高3%～5%。其中蛋白质以不溶于水的球蛋白为主（占65%），清蛋白仅占7%，因此蛋白质品质低于大豆饼，赖氨酸、蛋氨酸均偏低，而精氨酸含量很高，赖氨酸：精氨酸达100：380以上。花生饼/粕的粗脂肪含量较高。脂肪熔点低，脂肪酸以油酸为主，约占53%～78%，易发生酸败。矿物质中钙少磷多，铁含量丰富，而其它元素较少。花生粕的营养价值见表1-17。

表 1-17　花生粕的营养价值

指标	含量	指标	含量
干物质/%	88	粗纤维/%	5.9
粗蛋白/%	44.7	中性洗涤纤维/%	14
肉牛消化能/(MJ/kg)	14.44	酸性洗涤纤维/%	8.7
肉牛增重净能/(MJ/kg)	7.22	粗灰分/%	5.1
羊消化能/(MJ/kg)	14.39	钙/%	0.25
羊代谢能/(MJ/kg)	13.17	磷/%	0.53
粗脂肪/%	7.2		

注：数据来源同表 1-6。

（2）饲喂价值　花生饼（粕）的饲喂价值与大豆饼（粕）相似。牛羊采食过多花生饼（粕），有排软便倾向。高温处理的花生粕，蛋白质溶解度降低，能增加过瘤胃蛋白的比例，从而提高氮沉积量，使用量在 4% 以下。花生饼（粕）极易感染黄曲霉，黄曲霉毒素会极显著影响牛羊生长速度，或发生中毒。

（3）使用方法　粉碎后直接使用。

5. 酒糟蛋白

（1）营养特性　玉米酒糟蛋白饲料产品有两种：一种为 DDG，是将玉米酒精糟做简单过滤，滤渣干燥，滤清液排放掉，只对滤渣单独干燥而获得的饲料；另一种为 DDGS，是将滤清液干燥浓缩后再与滤渣混合干燥而获得的饲料。DDGS 的能量和营养物质总量均明显高于 DDG。DDGS 的外观性状为黄褐至深褐色，烘干温度越高颜色越深。DDGS 有发酵的气味，含有机酸，口感有微酸味。

国产 DDGS 养分变异较大，可溶物含量高，能量水平较低，肉牛增重净能约为 6.58MJ/kg，羊的消化能为 14.64MJ/kg，粗蛋白含量约为 27.5%，粗脂肪含量约为 10.1%。美国产的 DDGS 的营养价值为：粗蛋白 26% 以上、粗脂肪 10% 以上、赖氨酸 0.85% 和磷 0.75%。DDGS 的营养价值见表 1-18。

表 1-18　DDGS 的营养价值

指标	含量	指标	含量
干物质/%	89.2	粗纤维/%	6.6
粗蛋白/%	27.5	中性洗涤纤维/%	38.3
肉牛消化能/(MJ/kg)	12.89	酸性洗涤纤维/%	12.5
肉牛增重净能/(MJ/kg)	6.58	粗灰分/%	5.1
羊消化能/(MJ/kg)	14.64	钙/%	0.2
羊代谢能/(MJ/kg)	12	磷/%	0.74
粗脂肪/%	10.1		

注：数据来源同表 1-6。

(2) 饲喂价值 DDGS 用于肉牛饲料，优越性表现在：提高瘤胃发酵功能，提供过瘤胃蛋白质，转化纤维为能量，适口性和食用安全性强，是磷和钾等矿物质的优秀来源。

肉牛生产试验表明，新鲜 DDGS 的增重净能为压片玉米的 80%。DDGS 中的脂肪和有效纤维可替代可溶性碳水化合物，有助于维持瘤胃微生态的平衡和稳定瘤胃 pH 值，因此，新鲜或干燥 DDGS 能减少瘤胃酸中毒。DDGS 对育肥肉牛的用量为总采食干物质的 40%。

(3) 使用方法 生产中 DDGS 作为蛋白质饲料原料，需要与其它原料配合制成精饲料后使用。

三、矿物质饲料

矿物质饲料包括常量元素矿物质饲料和微量元素矿物质饲料。

1. 常量元素矿物质饲料

（1）食盐 在常用植物性饲料中，钠、氯含量都较少。食盐是补充钠、氯最简单、价廉和有效的来源。饲料用食盐多属工业用盐，含氯化钠 95% 以上。

（2）钙和磷

① 碳酸钙（石灰石粉），为优质的石灰石制品，沉淀碳酸钙是石灰石煅炼成的氧化钙，经水调和成石灰乳，再经二氧化碳作用而合成。石灰石粉俗称钙粉，主要成分为碳酸钙，含钙量不低于 33%。一般而言，碳酸钙颗粒越细，吸收率越好。

② 磷酸氢钙，又叫磷酸二钙，为白色或灰白色粉末，含钙量不低于 23%，含磷量不低于 18%，铅不超过 50mg/kg，氟与磷之比不超过 1∶100。磷酸氢钙的钙磷利用率高，是优质的钙磷补充料。

③ 磷酸二氢钙，又名过磷酸钙，为白色结晶粉末，含钙量不低于 15%，含磷量不低于 22%，铅不超过 50mg/kg，氟与磷之比不超过 1∶100。磷酸一钙利用率比磷酸二钙、磷酸三钙好。

④ 磷酸钙，为白色无臭粉末，含钙 32%、磷 18%。

2. 微量元素矿物质饲料

由于动物对微量元素的需要量少，微量元素补充料通常是作为添加剂加入饲料中。

微量元素补充料主要是矿物盐及结晶化合物，由于其化学形式、产品类型、规格以及原料细度不同，其生物学利用率差异较大。

四、维生素饲料

维生素种类很多，按其溶解性分为脂溶性维生素和水溶性维生素。动物对维生素需要量低，维生素饲料常作为饲料添加剂使用。维生素添加剂以维生素为主要功能成分，加上载体、稀释剂、吸收剂或其它化合物混合而成。

维生素添加剂的稳定性较差，对氧化、还原、水分、热、光、金属离子、酸碱度等因素具有不同程度的敏感性，因此维生素添加剂应在避光、干燥、阴凉、低温环境下分类贮藏。

1. 维生素 A

以秸秆为主要粗饲料的地区，牛羊日粮中维生素 A 含量普遍不足，影响牛羊的正常繁殖，甚至导致出生犊牛、羔羊先天性双目失明。

育肥肉牛、肉羊喂精料比例相对较高，而精饲料中胡萝卜素含量很低，在舍饲强度育肥时，动物迅速增重对维生素 A 需要量增多。维生素 A 供应不足时，肉牛采食量下降，增重减慢。因此应额外补喂胡萝卜等青绿多汁饲料或直接补饲维生素 A 添加剂。

2. 维生素 D

维生素 D 缺乏可引起犊牛或羔羊的佝偻病、成年母牛（和母羊）的软骨症、产后瘫痪等。维生素 D_3 是维生素 D 的活性形式，一般认为犊牛与生长牛的维生素 D_3 需要量为每千克体重 6.6IU，泌乳牛为 30IU。

舍饲肉牛、肉羊需要补充维生素 D，如果每天能满足 6h 以上晒太阳时间，则不需要另外补加。

3. 过瘤胃维生素

过瘤胃维生素是对维生素 A、维生素 D、维生素 E、烟酸、生物素等进行包被而成的。经过特殊加工处理后的维生素能通过瘤胃而不被瘤胃微生物降解，到达真胃和小肠缓慢释放和吸收。过瘤胃生物素的生物学效率高，可有效预防和治疗乳房炎、肢蹄病、白线病等，能促进钙磷的吸收，减少骨质疏松、四肢关节变形等疾病。

五、其它饲料添加剂

1. 尿素

尿素是一种非蛋白氮（NPN）饲料，非蛋白氮是指供饲用的尿素、双缩脲、氨、铵盐及其它简单含氮化合物。非蛋白氮的营养作用仅作为瘤胃微生物合成所需的氮源，在育肥牛羊日粮中使用非蛋白氮已在世界范围内普遍采用，并取得了较好效果。在人口多、耕地少的发展中国家可节约蛋白质饲料，开发应用非蛋白氮饲料更具现实意义。

（1）特点　纯尿素含氮量为 46.6%，一般商品尿素的含氮量为 45%，每 1kg 尿素相当于 2.8kg 粗蛋白或相当于 7kg 豆饼（粗蛋白为 40%）的粗蛋白含量。

（2）饲用价值　尿素主要用于成年反刍动物，对于瘤胃功能尚未发育完全的犊牛、羔羊不宜补饲。日粮蛋白质如已满足需要，再加入尿素并无效果。

在使用尿素时必须供给足够的易溶性碳水化合物，建议每 1kg 尿素应搭配 10kg 易溶性碳水化合物（且 2/3 为淀粉），为瘤胃微生物提供能源。同时要供给适量的优质天然蛋白质饲料，其含量占日粮 9%～12%，以促进菌体蛋白的合成。另外要供给适量的硫、钴、锌、铜、锰等微量元素和适量的维生素 A、维生素 D 等，为菌体蛋白的合成提供有利条件。

（3）使用方法

① 喂量：喂量不宜过大，否则会发生氨中毒。对中产奶牛、育成牛和生长肉牛，尿素给量一般占日粮干物质 1%，或占混合精料 2%~3%，但尿素氮的含量以不超过日粮总氮量的 25%~30%为宜。尿素喂羊时，对怀孕和哺乳绵羊每天每只饲喂 13~18g，6 个月以上青年绵羊每天每只 8~12g，用量应由少而逐渐增多，待瘤胃微生物区系逐步适应后，再将用量提高到上述水平。

② 喂法：尿素不宜单喂，应与其它精料搭配。生大豆、生豆粕、南瓜等饲料含有大量尿素酶，能加速尿素的分解并产生氨，切忌与尿素一起饲喂，以免引起中毒。使用时可调制成尿素溶液喷洒或浸泡粗饲料（氨化），或调制成尿素青贮料饲喂，与糖浆制成液体尿素精料投喂，或做成尿素颗粒料、尿素精料砖等也是有效的利用方式。

③ 尿素利用新技术：为降低尿素在瘤胃中的水解强度和速度，目前常采用以下几种方法。

制成凝胶淀粉尿素：用 15%尿素和 85%淀粉类饲料（玉米、大麦、小麦和高粱等）混合均匀，在温度为 121~176℃、湿度为 15%~30%、压力为 28~35kg/cm^2 的条件下制成凝胶状颗粒饲料饲用。

制成氨基浓缩物：用 20%尿素、75%谷实和 5%膨润土混匀，在温度 121~176℃、湿度 15%~30%、压力 28~35kg/cm^2 条件下制成。

加工成尿素缓释产品：如市售的磷酸脲（牛羊壮）、脂肪酸脲（牛得乐）、异丁基二脲、羧甲基尿素等。

④ 尿素中毒及解救措施：尿素喂量过多会在瘤胃内形成大量的游离氨，引起瘤胃液 pH 值升高，氨通过瘤胃壁进入血液，当血氨水平达中毒浓度（牛 1mg/100ml）时，即发生氨中毒。典型的氨中毒症状为呼吸急促、肌肉震颤、出汗不止、动作失调；严重时动物口吐白沫、抽搐。以上症状多在饲喂后的 15~40min 出现，如不及时治疗，经过 0.5~2.5h 即死亡。

对于牛的尿素中毒，最常用的治疗方法是灌服 20~40L 凉水，使瘤胃液温度下降，从而抑制尿素的溶解，降低氨浓度。也可以灌服 4L 稀释的醋酸中和瘤胃液。生产中使用 10%的醋酸钠和葡萄糖混合液灌服，效果也不错。青年牛和绵羊发生尿素中毒，急救办法与成年牛相同，但剂量要根据体重和年龄酌减。

2. 缓冲剂

高精料强度育肥肉牛时，由于瘤胃内异常发酵，瘤胃丙酸浓度过高，pH 值下降，瘤胃微生物区系受到抑制，易引起消化能力减弱、酸中毒。添加缓冲剂能中和瘤胃内挥发性脂肪酸、调节 pH 值、增进食欲、提高饲料消化能力，从而提高生产性能。

常用的缓冲剂有碳酸氢钠（小苏打）、氧化镁、磷酸盐、碳酸钙、膨润土等。碳酸氢钠一般在混合精料中的比例为 0.5%~2.0%，氧化镁为 0.5%~1.0%，二者合用比单用更好，其比例为2∶1～3∶1。

第三节 常用粗饲料及其加工调制

一、牛羊常用粗饲料

牛羊属于反刍动物，由于有瘤胃微生物的作用，粗纤维消化率在50%以上。粗饲料是牛羊日粮的主体，具有提供营养，促进反刍、唾液分泌及刺激瘤胃蠕动等多种功能。在饲料分类学中，粗饲料包括青绿饲料、青贮饲料、干草和秸秆类。青绿饲料主要包括天然牧草和栽培牧草，大白菜、胡萝卜、萝卜等蔬菜副产品，槐树叶、柞树叶、柠条锦鸡等鲜绿枝叶和灌木。青贮饲料主要有全株青贮玉米、青贮苜蓿、青贮燕麦等。

青绿饲料和青贮饲料鲜嫩多汁、适口性好，对泌乳牛羊有催乳作用。东北地区由于冬春季青绿饲料缺乏，牛羊主要以干草和秸秆为主，可根据具体情况补喂胡萝卜、萝卜、马铃薯等块根、块茎饲料。繁殖季节公、母畜需要大量维生素，则应供给足够量的多汁饲料。但是在严寒季节应控制多汁饲料饲喂量，以防着凉、发生腹泻。

1. 青绿饲料

（1）天然牧草（野草）

① 营养特性：天然牧草的营养价值主要取决于其种类和生长阶段，例如内蒙古东部呼伦贝尔草原生长的草原五花草营养价值较高。以干物质为基础，天然牧草中无氮浸出物含量均可达40%～50%；豆科牧草粗蛋白的含量15%～20%，莎草科13%～20%，菊科和禾本科约10%～15%，少数也可达20%；禾本科牧草粗纤维含量较高，约为30%，其它科牧草为20%～25%。天然牧草的钙含量一般高于磷。豆科天然牧草营养价值较高；禾本科适口性好，尤其在生长早期幼嫩可口，采食量高，另外禾本科再生力强，一般比较耐牧；菊科牧草有特异香味，羊比较喜欢采食。天然牧草的营养成分（鲜样基础）见表1-19。

表1-19 天然牧草的营养成分（鲜样基础）

指标	含量	指标	含量
干物质/%	18.9～25.3	粗脂肪/%	0.7～1.0
粗蛋白/%	1.7～3.2	粗纤维/%	5.7～7.1
肉牛消化能/(MJ/kg)	2.06～2.53	中性洗涤纤维/%	—
肉牛增重净能/(MJ/kg)	0.93～1.14	酸性洗涤纤维/%	—
羊消化能/(MJ/kg)	—	钙/%	0.24
羊代谢能/(MJ/kg)	—	磷/%	0.03～0.12

注：数据来源于《肉牛饲养标准》(NY/T 815—2004)。

② 利用方式：天然牧草可以直接放牧，也可刈割后青饲，还可以在生长期刈割晒制青干草。利用天然牧草需要注意以下几点：第一，识别有毒有害植物，防止中毒。如箭舌豌豆中含有氰苷，在酶的作用下生成氢氰酸，能麻痹动物的呼吸和循环系统神经中枢。第二，防止过量采食豆科牧草，如野豌豆含有皂苷，易引起瘤胃臌胀病；草木樨含有的香豆素在其发霉腐败时转化为双香豆素，能抑制肝脏凝血原合成、延长凝血时间，过量摄入会使家畜出血过多而死。

（2）苜蓿

① 营养特性：苜蓿（图1-1）是最优质的豆科牧草，蛋白质含量高，苜蓿干物质中粗蛋白含量达到19%，粗脂肪3%，无氮浸出物35.83%，产奶净能5.4～6.3MJ/kg。必需氨基酸组成合理，其中赖氨酸高达1.34%。苜蓿干物质的消化率约78%，饲用效率好，在初花期刈割最为适宜。苜蓿的营养成分（鲜样基础）见表1-20。

图1-1 紫花苜蓿

表1-20 苜蓿的营养成分（鲜样基础）

指标	含量	指标	含量
干物质/%	24.0～26.2	粗脂肪/%	0.3～0.72
粗蛋白/%	3.8～4.56	粗纤维/%	6.48～9.4
肉牛消化能/(MJ/kg)	2.42	中性洗涤纤维/%	11.04
肉牛增重净能/(MJ/kg)	1.02	酸性洗涤纤维/%	8.16
羊消化能/(MJ/kg)	—	钙/%	0.32～0.34
羊代谢能/(MJ/kg)	—	磷/%	0.01～0.06

注：数据来源于《肉牛饲养标准》（NY/T 815—2004）和《中国饲料成分及营养价值表（第31版）》。

② 利用方式：苜蓿不论青饲、放牧，还是调制成苜蓿干草或青贮饲料，都是牛羊的优质饲料。紫花苜蓿中含有皂素和可溶性蛋白质，在瘤胃中可产生泡沫，采食过多，牛羊易得瘤胃臌胀病，严重时死亡。苜蓿与禾本科牧草混合饲喂或饲喂苜蓿前喂些禾本科干草，均可防止瘤胃臌胀病的发生。牛羊饲喂苜蓿量为体重的0.2%～0.3%（按干物质计算），一般泌乳牛每天饲喂鲜草20～30kg，青年母牛饲喂15～20kg，羊饲喂2～4kg。有实验表明，在成年辽宁绒山羊日粮干物质中应用20%的苜蓿干草时，日粮的能量、粗蛋白、粗脂肪、粗纤维以及中性洗涤纤维和酸性洗涤纤维的表观消化率均最高。

（3）高丹草

① 营养特性：高丹草（图1-2）是由饲用高粱与苏丹草杂交形成的一年生禾本科牧草，可多次刈割、多次再生。高丹草拔节期，鲜草营养成分（鲜样基础）为：水分

图 1-2 高丹草

83.7%，粗蛋白 3%，粗脂肪 0.8%，无氮浸出物 7.6%，粗纤维 3.2%，粗灰分 1.7%。高丹草营养水平高于青玉米、青莜麦、青谷子和其它青饲料，也远远高于玉米秸秆。

适时收获的高丹草消化性能较好，干物质体外消化率达 75%。结实期高丹草的营养成分（鲜样基础）见表 1-21。

表 1-21　结实期高丹草的营养成分　（鲜样基础）

指标	含量	指标	含量
干物质/%	17.69～27.9	粗脂肪/%	0.88～2.05
粗蛋白/%	2.03～3.95	粗纤维/%	7.49～18.05
肉牛消化能/（MJ/kg）	—	中性洗涤纤维/%	17.39
肉牛增重净能/（MJ/kg）	—	酸性洗涤纤维/%	10.36
羊消化能/（MJ/kg）	—	钙/%	—
羊代谢能/（MJ/kg）	—	磷/%	—

注：数据来源于欧顺等（2020），砚山县常见饲用植物营养与青贮品质研究（草学）；范美超等（2020），高粱等 9 个品种饲草生产力及其青贮品质的对比分析（中国草地学报）。

② 利用方式：高丹草饲喂安全，可生产优质青草、干草；也可直接用于放牧；其含糖量高，比高粱和苏丹草更适宜青贮。经过青贮处理后，可消化的纤维素和半纤维素含量增加，难消化的木质素含量降低 40%～60%，蛋白质含量 9%～12%，总可消化养分为 55%～60%。

（4）青饲玉米

① 营养特性：青饲玉米（图 1-3）不但产量高，而且含有丰富的营养。其产量和品质与收获期有关，适时收获的玉米能达到最高营养价值。青饲玉米柔嫩多汁，口味良好，营养丰富，无氮浸出物含量高，易消化。全株鲜玉米的粗蛋白和粗纤维消化率分别可达 65%和 67%，粗脂肪和无氮浸出物消化率分别可达 72%和 73%。胡萝卜素、维生素 B_1 和维生素 B_2 含量也较高，是非常理想的牛羊青绿饲料。

图 1-3　青饲玉米

青饲玉米的营养成分（鲜样基础）见表 1-22。

表 1-22　青饲玉米的营养成分　（鲜样基础）

指标	含量	指标	含量
干物质/%	12.9～24.1	肉牛增重净能/（MJ/kg）	—
粗蛋白/%	1.1～1.5	羊消化能/（MJ/kg）	—
肉牛消化能/（MJ/kg）	10.9～12.63	羊代谢能/（MJ/kg）	—

续表

指标	含量	指标	含量
粗脂肪/%	0.30~0.5	酸性洗涤纤维/%	—
粗纤维/%	4.2~6.6	钙/%	0.08~0.09
中性洗涤纤维/%	—	磷/%	0.05~0.08

注：数据来源于《奶牛饲养标准》(NY/T 34—2004)。

② 利用方式：青饲玉米一般整株收割直接饲喂，收获期一般在乳熟初期至蜡熟期；或者在蜡熟期先采摘果穗再收割剩余植株。青饲玉米的加工方式以铡短和揉丝为主，加工后直接饲喂。

2. 青贮饲料

(1) 青贮玉米

① 营养特性：全株青贮玉米（图 1-4）营养丰富，在鲜样基础下每 1kg 含粗蛋白 15g、粗脂肪 6g、粗纤维 70g、无氮浸出物 141g、粗灰分 15g。全株青贮玉米中维生素含量丰富，但缺乏必需的赖氨酸、色氨酸、铜、铁，故应配合其它饲料或添加剂使用。专用青贮玉米的植株生长速度快，茎叶茂盛，生物产量高，可达 60 吨/公顷。全株青贮玉米是牛羊养殖场最受青睐的饲料，应用十分广泛。

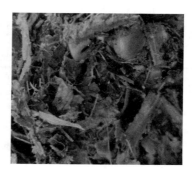

图 1-4　青贮玉米

全株青贮玉米的营养成分（鲜样基础）见表 1-23。

表 1-23　全株青贮玉米的营养成分（鲜样基础）

指标	含量	指标	含量
干物质/%	22.7~25	粗脂肪/%	0.30~0.60
粗蛋白/%	1.1~1.5	粗纤维/%	6.9~8.7
肉牛消化能/(MJ/kg)	1.70~2.25	中性洗涤纤维/%	—
肉牛增重净能/(MJ/kg)	0.61~1.00	酸性洗涤纤维/%	—
羊消化能/(MJ/kg)	2.21	钙/%	0.08~0.10
羊代谢能/(MJ/kg)	1.81	磷/%	0.02~0.06

注：数据来源于《肉牛饲养标准》(NY/T 815—2004)和《肉羊饲养标准》(NY/T 816—2004)。

② 饲喂价值：在生产中，全株青贮玉米一般要与其它禾本科或豆科干草搭配饲喂。青贮玉米在肉牛日粮粗饲料中占 40%~60%，青贮饲料干物质占粗饲料干物质的 1/2~2/3。

成年泌乳牛每 100kg 体重每天饲喂 5~7kg，肥育牛饲喂 4~5kg，役牛饲喂 4~4.5kg，种公牛饲喂 1.5~2.0kg。成年绵羊每 100kg 体重每天饲喂 4~5kg，羔羊饲喂 0.4~0.6kg。泌乳奶山羊每 100kg 体重每天饲喂 1.5~3.0kg，青年母羊饲喂 1.0~1.5kg，公羊饲喂 1.0~1.5kg。

③ 利用方式：在青贮饲料使用时要注意以下几点。一是注意饲槽清洁，及时清除剩料，防止霉变。二是冬季饲喂要随取随喂，防止青贮饲料挂霜或结冰，最好将其加温。三是冬季寒冷且青贮饲料含水量大，牛羊不能单独大量饲喂，应混拌一定数量的干草或铡碎的干玉米秸及精料。四是饲喂过程中，如发现牛羊有腹泻现象，应减量或停喂，待恢复正常后再继续饲喂。生产中，一般按照青贮喂量的1%～2%添加小苏打，以防酸中毒。五是严禁饲喂霉变青贮饲料。

（2）青贮燕麦

① 营养特性：青贮燕麦的适口性好、营养丰富、青绿多汁、耐贮藏，燕麦易收获、易调制。据报道，将燕麦草青贮后中性洗涤纤维、酸性洗涤纤维的含量比原料占比分别降低0.17%、1.18%。

青贮燕麦的营养成分（鲜样基础）见表1-24。

表1-24 青贮燕麦的营养成分（鲜样基础）

指标	含量	指标	含量
干物质/%	35	粗脂肪/%	1.12
粗蛋白/%	4.2	粗纤维/%	10.85
肉牛消化能/(MJ/kg)	—	中性洗涤纤维/%	20.65
肉牛增重净能/(MJ/kg)	2.76	酸性洗涤纤维/%	13.65
羊消化能/(MJ/kg)	—	钙/%	0.12
羊代谢能/(MJ/kg)	—	磷/%	0.11

注：数据来源于《中国饲料成分及营养价值表（第31版）》。

② 饲喂价值：在羊日粮中加入一定量的青贮燕麦，可以有效提高羊的日增重、屠宰率和胴体重，降低背膘厚度，并对羊肉的品质有一定的改善作用。在肉牛日粮中用青贮燕麦替代青干草，可以提高牛的日增重，节约饲料成本。

（3）青贮苜蓿

① 营养特性：青贮苜蓿气味酸香，嫩绿叶片损失较少，营养价值较高。青贮苜蓿的pH值为4.35～5.2，粗蛋白含量高，其营养价值受刈割时期、调制方法等方面影响，差异较大。

青贮苜蓿的营养成分（鲜样基础）见表1-25。

表1-25 青贮苜蓿的营养成分（鲜样基础）

指标	含量	指标	含量
干物质/%	30～33.7	粗脂肪/%	0.9～1.4
粗蛋白/%	5.3～5.4	粗纤维/%	8.4～12.8
肉牛消化能/(MJ/kg)	3.13	中性洗涤纤维/%	14.7
肉牛增重净能/(MJ/kg)	1.32	酸性洗涤纤维/%	11.1
羊消化能/(MJ/kg)	—	钙/%	0.10～0.42
羊代谢能/(MJ/kg)	—	磷/%	0.09～0.10

注：数据来源于《肉牛饲养标准》（NY/T 815—2004）和《中国饲料成分及营养价值表（第31版）》。

② 饲喂价值：青贮苜蓿使用时要与其它牧草搭配，不宜单独饲喂。犊牛每天饲喂2～2.5kg，肉牛每天饲喂4～5kg，肉羊每天饲喂1.5～2kg。

③ 加工调制：调制青贮苜蓿可以解决多雨地区干草调制中晾晒、贮存困难，同时避免晾晒过程中茎叶脱落，造成大量蛋白质损失。苜蓿由于蛋白质含量高、糖分含量低，需要在制作青贮时添加糖蜜或青贮添加剂。目前青贮苜蓿的主要加工方法有半干法、添加剂法以及混合青贮法。

3. 块根、块茎类饲料

（1）胡萝卜

① 营养特性：胡萝卜（图1-5）如以干物质计，胡萝卜可列入能量饲料，但因其含水量高，容积大，多用作冬季补饲维生素的饲料使用。胡萝卜中含有的β-胡萝卜素是维生素A的前体，可用于补充维生素A。另外，胡萝卜还含有一定量的蔗糖、果糖，适口性特别好，对于哺乳母牛和母羊具有促进泌乳作用。

图1-5　胡萝卜

胡萝卜的营养成分（鲜样基础）见表1-26。

表1-26　胡萝卜的营养成分（鲜样基础）

指标	含量	指标	含量
干物质/%	9.3～12	粗脂肪/%	0.17～0.3
粗蛋白/%	0.8～1.2	粗纤维/%	0.8～1.2
肉牛消化能/（MJ/kg）	1.45～1.85	中性洗涤纤维/%	2.4
肉牛增重净能/（MJ/kg）	0.82～1.04	酸性洗涤纤维/%	1.32
羊消化能/（MJ/kg）	—	钙/%	0.05～0.15
羊代谢能/（MJ/kg）	—	磷/%	0.03～0.09

注：数据来源于《肉牛饲养标准》（NY/T 815—2004）和《中国饲料成分及营养价值表（第31版）》。

② 饲喂价值：胡萝卜即能补充营养，又能改善饲料的适口性，增进牛羊食欲，促进其胃肠道蠕动，减少瘤胃积食、肠道阻塞等疾病的发生率。对于公畜、繁殖母畜及幼畜应用效果更好。

③ 加工调制：在冬季青饲料缺乏时，家畜饲用干草和秸秆的比重较大，可将胡萝卜切成细条或碎块，搅拌在粗料中使用。

（2）马铃薯

① 营养特性：马铃薯（图1-6）又称土豆、洋芋、地蛋、山药蛋等。马铃薯水分含量较高，干物质中有6%～12%的粗蛋白，与玉米相近，干物质的70%是淀粉，粗纤维和矿物质含量低。

图1-6　马铃薯

马铃薯的营养成分（鲜样基础）见表1-27。

表1-27 马铃薯的营养成分（鲜样基础）

指标	含量	指标	含量
干物质/%	22	粗脂肪/%	0.1
粗蛋白/%	1.6	粗纤维/%	0.7
肉牛消化能/（MJ/kg）	3.29	中性洗涤纤维/%	—
肉牛增重净能/（MJ/kg）	1.82	酸性洗涤纤维/%	—
羊消化能/（MJ/kg）	—	钙/%	0.02
羊代谢能/（MJ/kg）	—	磷/%	0.03

注：数据来源于《肉牛饲养标准》（NY/T 815—2004）。

② 使用方法：马铃薯可以生喂，也可以熟喂，生喂时宜切碎后投喂。马铃薯块茎含有龙葵素，特别是芽和晒绿的表皮中含量更高，采食过多会引发胃肠炎。将马铃薯切碎后与蛋白质饲料、谷实饲料等混合饲喂效果较好。

（3）红薯

① 营养特性：红薯（图1-7）又称甘薯、红苕、地瓜、番薯、薯茨等，红薯多汁，有甜味，牛羊均喜采食，新鲜红薯含干物质约25%，能量高，每1kg鲜样对牛的消化能为3.83MJ。红薯的粗蛋白含量低，干物质中粗蛋白仅为3.3%～4.5%，熟喂蛋白质消化率比生喂约高1倍。粗纤维和矿物元素含量均很低。黄色红薯的胡萝卜素含量较高，每1kg鲜样约含13mg。

图1-7 红薯

红薯的营养成分（鲜样基础）见表1-28。

表1-28 红薯的营养成分（鲜样基础）

指标	含量	指标	含量
干物质/%	24.6～25	粗脂肪/%	0.2～0.3
粗蛋白/%	1.0～1.1	粗纤维/%	0.8～0.9
肉牛消化能/（MJ/kg）	3.70～3.83	中性洗涤纤维/%	—
肉牛增重净能/（MJ/kg）	2.07～2.14	酸性洗涤纤维/%	—
羊消化能/（MJ/kg）	—	钙/%	0.13
羊代谢能/（MJ/kg）	—	磷/%	0.05

注：数据来源于《肉牛饲养标准》（NY/T 815—2004）。

② 饲喂价值：红薯对泌乳牛羊有促进消化、贮积脂肪和增加产奶量的效果。但由于淀粉含量过高，牛羊生吃过量红薯，淀粉会粘在瓣胃各个空隙内，影响瘤胃收缩蠕动，抑制皱胃中胃液的分泌，从而造成食欲不振、饲料消化率降低。

③ 使用方法：红薯应切碎后搭配其它精、粗饲料使用，为提高蛋白质的利用率，

可煮熟后饲喂。发生黑斑病的红薯不能饲喂,黑斑病红薯中存在红薯醇和红薯酮,毒性强,会引发动物(特别是反刍动物中的牛)中毒,甚至会死亡。

(4)甜菜

① 营养特性:甜菜又称甜萝卜、糖菜,其块根和叶片是常用的多汁饲料。甜菜块根糖分、矿物质和维生素的含量都很高,纤维含量低,易于消化。饲用甜菜鲜喂时,1kg 对牛的消化能为 1.94MJ,干喂时消化能为 12.93MJ,与高粱、大麦的有效能值相近。甜菜的营养成分(鲜样基础)见表 1-29。

表 1-29 甜菜的营养成分(鲜样基础)

指标	含量	指标	含量
干物质/%	15	粗脂肪/%	0.4
粗蛋白/%	2	粗纤维/%	1.7
肉牛消化能/(MJ/kg)	1.94	中性洗涤纤维/%	—
肉牛增重净能/(MJ/kg)	1.01	酸性洗涤纤维/%	—
羊消化能/(MJ/kg)	—	钙/%	0.06
羊代谢能/(MJ/kg)	—	磷/%	0.04

注:数据来源于《肉牛饲养标准》(NY/T 815—2004)。

② 饲喂价值:甜菜主要以鲜喂为主,也可以甜菜渣、甜菜粕形式利用。另外,甜菜的块茎和叶还可以制作青贮。在肉羊日粮中,饲喂比例可占日粮 25%左右。

③ 使用方法:甜菜块根是牛羊等家畜冬季优质的多汁饲料,一般将甜菜块根洗净后切碎或粉碎,再与糠麸类或者精饲料混合饲喂,也可以煮熟后搭配精饲料饲喂。

新鲜甜菜饲喂时需要注意以下几点:第一,刚收获的甜菜不宜马上喂牛、羊,否则会引起下痢。第二,饲用甜菜中含有较多的硝酸盐,甜菜在生热发酵或腐烂时,硝酸盐会发生还原作用,变成亚硝酸盐,过量食入会使家畜组织缺氧,呼吸中枢发生麻痹、窒息而死。第三,甜菜中含许多游离酸,大量饲喂时会引起家畜腹泻。第四,甜菜应切成小块、小片或者切成丝,防止堵塞食管,造成伤害。

4. 灌木、树叶类饲料

(1)柠条锦鸡儿

① 营养特性:柠条锦鸡儿(图 1-8)又称柠条、毛条、大白柠条,属于豆科灌木。柠条的蛋白质含量丰富,粗脂肪和矿物质含量也较高,含有 17 种氨基酸,并且氨基酸组成较为均衡。不同器官、不同生长期和不同的生长年限的柠条,营养价值差异很大,营养物质主要集中在叶片、花和果实上。柠条含有抗营养因子,如鞣酸、单宁等,会影响其适口性,降低牛羊采食量。夏秋季节柠条木质化加剧,粗纤维和木质素含量增加,动物对其消化能力降低;柠条枝上带有

图 1-8 柠条锦鸡儿

刺条，在一定程度上降低其饲用价值。

柠条的营养成分（风干基础）见表 1-30。

表 1-30　柠条的营养成分（风干基础）

指标	营养期	开花期	指标	营养期	开花期
干物质/%	93.4	93.49	粗纤维/%	36.92	39.67
粗蛋白/%	14.12	15.13	中性洗涤纤维/%	—	—
肉牛消化能/(MJ/kg)	—	—	酸性洗涤纤维/%	—	—
肉牛增重净能/(MJ/kg)	—	—	粗灰分/%	6.67	5.39
羊消化能/(MJ/kg)	—	—	钙/%	2.34	2.31
羊代谢能/(MJ/kg)	—	—	磷/%	0.34	0.32
粗脂肪/%	2.25	2.63			

注：数据来源于《饲草生产学》，董宽虎主编，2003。

② 饲喂方式：春夏季可以直接放牧利用；秋季柠条的枝条木质化程度高，成熟枝条上有托叶刺，不适宜直接饲喂。在每年 5~8 月份刈割幼嫩枝条，经过揉搓后可当作粗饲料添加到牛羊的日粮中；8 月份之后可通过平茬方式收割枝条，用揉搓机揉碎，再经粉碎，然后加工成颗粒饲料。

（2）荆条

① 营养特性：荆条（图 1-9）是马鞭草科、牡荆属落叶灌木，又称荆棵、荆梢子、黑谷子等，其枝叶繁茂，适口性好，牛羊都喜食。荆条营养丰富，粗蛋白含量约为 9.82%，粗纤维含量约为 16.76%，中性洗涤纤维含量约为 66.40%，酸性洗涤纤维含量约为 53.52%，粗灰分含量约为 3.56%，磷含量约为 0.34%。

② 利用方式：荆条可青饲，也可制成干草饲喂。调制干草一般在荆条开花期将其收割，经揉搓后晒制，或者制成草粉。荆条还可供放牧，一般一年可放牧二次，第一次在株高 60~80cm，枝叶幼嫩期，第二次在果实成熟前后。

图 1-9　荆条

图 1-10　蛋白桑

（3）蛋白桑

① 营养特性：蛋白桑（图 1-10）也叫饲料桑，是在 1998 年从全国 28 个桑树品

种中选育出的杂交优势桑,是一种新型杂交、抗逆性强的桑树。蛋白桑中含有丰富的蛋白质、多种氨基酸、维生素及各种微量元素等物质。其蛋白质含量比禾本科牧草、豆科牧草的蛋白质含量高。氨基酸达 18 种,其中,必需氨基酸的数量占总量的 50%以上,尤其是赖氨酸、蛋氨酸、胱氨酸、谷氨酸含量较多,其粗纤维含量比多数豆类牧草低。

蛋白桑的营养成分(风干基础)见表 1-31。

表 1-31 蛋白桑的营养成分(风干基础)

指标	含量	指标	含量
干物质/%	75.18～88.47	粗脂肪/%	1.91～4.17
粗蛋白/%	15.30～20.4	粗纤维/%	17.18～32.21
肉牛消化能/(MJ/kg)	—	中性洗涤纤维/%	21.58～28.87
肉牛增重净能/(MJ/kg)	—	酸性洗涤纤维/%	22.87～25.48
羊消化能/(MJ/kg)	—	钙/%	1.62～2.49
羊代谢能/(MJ/kg)	—	磷/%	0.39～0.41

注:数据来源于利用甘煎叶和蛋白桑树配制生长肉牛全混合型压块日粮研究(农业机械),吕冠霖(2015);庆阳市蛋白桑饲用营养价值分析(中国草食动物科学),施海娜(2020);饲料桑粉对生长育肥猪的营养价值评定(中国兽医学报),杨静(2015)。

② 利用方式:可将其叶、嫩茎直接喂牛、羊,或晒干、粉碎后与其他饲料配合使用,还可以做成青贮饲料。在牛羊日粮中加入蛋白桑有利于调节氨基酸平衡,提高生产性能。一般在羊日粮中添加 10%～30%。

(4)槐树叶

① 营养特性:槐树叶(图 1-11)适口性好,营养含量高于一般牧草,粗纤维含量低于一般牧草。叶片中约含粗蛋白 20.82%、粗脂肪 2.7%、粗纤维 19.48%、无氮浸出物 31.69%、钙 3.79%、磷 0.03%、赖氨酸 0.96%,含有多种维生素,尤其是胡萝卜素和维生素 B_2 含量丰富。槐树叶中含有的铁、锌、铜、锰含量远高于豆粕。2kg 槐叶粉的蛋白质含量相当于 1kg 豆饼。在生长季节,槐树叶各种营养含量均较高。北方地区一般在 7 月底至 8 月初采集较好,最迟不应超过 9 月上旬。

图 1-11 槐树叶

槐树叶的营养成分(风干基础)见表 1-32。

表 1-32　槐树叶的营养成分（风干基础）

指标	含量	指标	含量
干物质/%	61.93	粗脂肪/%	2.7～5.4
粗蛋白/%	16～30.6	粗纤维/%	8.52～19.48
肉牛消化能/(MJ/kg)	—	中性洗涤纤维/%	28.34
肉牛增重净能/(MJ/kg)	—	酸性洗涤纤维/%	19.57
羊消化能/(MJ/kg)	13.30	钙/%	1.57～3.79
羊代谢能/(MJ/kg)	10.95	磷/%	0.03～3.31

注：数据来源于树叶饲料的研究进展（农业机械），王巍杰等（2011）；13 种植物饲料的营养价值介绍（中国畜牧业），幸奠权（2013）；槐树叶是畜禽的优质饲料（湖南饲料），熊志凡等（2002）；树叶、秸秆及糟渣类饲料在杜×寒杂交羊瘤胃中的降解特性研究（中国畜牧杂志），张暄梓等（2021）。

② 利用方式：槐树叶可以鲜喂，也可以晒干后饲喂，秋季的落叶也可以作牛羊优质饲料，或者制成颗粒饲料或青贮饲料饲喂牛羊。研究表明，对山羊而言，槐树叶粉加工成的全价颗粒料添加量为 30% 时适口性最佳。

（5）柞树叶

图 1-12　柞树叶

① 营养特性：柞树属于壳斗科栎属，是多年生阔叶植物，我国主要分布在东北和华北地区，其中辽宁省有柞树林 182 万 hm^2，占林地面积的 14.7%，资源丰富。柞树叶（图 1-12）营养丰富，粗蛋白含量为 1.84%～5.73%、粗脂肪 0.23%～0.42%、粗灰分 1.71%～3.67%、粗纤维 9.50%～18.67%。另外，柞树叶中还含有多种矿物质元素和维生素，其中维生素 E 的含量尤为突出。

柞树叶的营养成分见表 1-33。

表 1-33　柞树叶的营养成分（鲜样基础）

指标	含量	指标	含量
干物质/%	16.70～46.30	粗脂肪/%	0.23～0.42
粗蛋白/%	1.84～5.73	粗纤维/%	9.50～18.67
肉牛消化能/(MJ/kg)	—	中性洗涤纤维/%	—
肉牛增重净能/(MJ/kg)	—	酸性洗涤纤维/%	—
羊消化能/(MJ/kg)	—	钙/%	0.10～0.50
羊代谢能/(MJ/kg)	—	磷/%	0.10～0.16

注：数据来源于五种柞树叶营养成分分析（北方蚕业），岳冬梅（2017）。

② 利用方式：由于柞树叶中单宁含量较高，牛羊大量采食柞树叶后会发生厌食、便秘、水肿、胃出血等中毒现象。为减少中毒，首先要控制饲喂量，山羊对柞树叶的采食量应不超过日粮的 40%；其次可以采用石灰水浸泡法进行脱毒处理，处理后可脱除柞树叶中 90% 以上的单宁。

5. 干草类

（1）燕麦干草

① 营养特性：燕麦干草（图 1-13）作为牛羊的优质粗饲料，口味甘甜，质地柔软，适口性好。燕麦草中粗蛋白含量约为 8.06%～11.60%，粗脂肪 2.07%～4.34%，无氮浸出物 41.55%～55.93%，并含多种矿物质与维生素。燕麦草能量高，能值一般为 8.5MJ/kg 以上。燕麦草的木质素含量低，质地非常柔软，粗纤维消化率较高。另外，其可溶性碳水化合物的含量很高，约为 11%～25%，高含量的水溶性碳水化合物使得燕麦干草具有更高的饲喂价值。

图 1-13 燕麦干草

燕麦干草的营养成分见表 1-34。

表 1-34 燕麦干草的营养成分

指标	含量	指标	含量
干物质/%	90	粗脂肪/%	3.3
粗蛋白/%	10	粗纤维/%	33
肉牛消化能/(MJ/kg)	—	中性洗涤纤维/%	65
肉牛增重净能/(MJ/kg)	2.38	酸性洗涤纤维/%	38
羊消化能/(MJ/kg)	—	钙/%	0.45
羊代谢能/(MJ/kg)	—	磷/%	0.3

注：数据来源于《中国饲料成分及营养价值表（第31版）》。

② 利用方式：燕麦干草最常用的加工方式是粉碎、切短和制粒。经过加工后可以提高动物的采食量。

（2）羊草

① 营养特性：羊草（图 1-14）产量高，营养丰富，适口性好，制成的干草色泽青绿，气味芳香，是反刍动物最常用的优质青干草之一。羊草叶多茎细，粗纤维含量低，营养价值高。通常认为 25kg 的羊草干草与 1kg 燕麦的营养价值相同。刈割时期对羊草的营养价值影响很大，羊草最佳收割期在抽穗期。新鲜羊草干物质含量约18%，干物质中粗蛋白含量约为 7%，粗纤维含量 32%，中性洗涤纤维含量为 62%，酸性洗涤纤维含量为 37%，羊的代谢能约为 7.8MJ/kg。另外，羊草还含有丰富的钙、磷、胡萝卜素等，干物质中含有胡萝卜素 49.5～85.87mg/kg。

图 1-14 羊草

羊草的营养成分见表 1-35。

表 1-35 羊草的营养成分（风干基础）

指标	含量	指标	含量
干物质/%	91~92	粗脂肪/%	1.82~3.6
粗蛋白/%	6.37~7.4	粗纤维/%	29.4~34
肉牛消化能/（MJ/kg）	8.78	中性洗涤纤维/%	67
肉牛增重净能/（MJ/kg）	3.7	酸性洗涤纤维/%	47
羊消化能/（MJ/kg）	8.87~9.56	钙/%	0.22~0.40
羊代谢能/（MJ/kg）	7.20~7.84	磷/%	0.14~0.18

注：数据来源于《肉牛饲养标准》（NY/T 815—2004）《肉羊饲养标准》（NY/T 816—2004）和《中国饲料成分及营养价值表（第 31 版）》。

② 利用方式：羊草的加工方式是切短或揉搓，也可制成草粉、草颗粒、草块、草砖、草饼。

6. 秸秆类

（1）玉米秸秆

① 营养价值：玉米秸秆外皮光滑、质地坚硬，是东北地区最常用的粗饲料之一。玉米秸秆是禾本科作物秸秆中营养价值最高的，植株上部比下部、茎叶比秸秆营养价值高，刚刚收获时比长久贮存的玉米秸秆营养价值高。一般玉米秸秆中含粗蛋白 3%~5.9%，粗纤维 25% 左右。玉米秸秆青绿时，胡萝卜素含量较高，约 3~7mg/kg。反刍动物对玉米秸秆的粗纤维消化率可以达到 65%，无氮浸出物的消化率可以达到 60%。经测定，玉米秸秆各部位的干物质消化率，茎为 53.8%，叶为 56.7%，芯为 55.8%，苞叶为 66.5%，全株为 56.6%。

玉米秸秆的营养成分见表 1-36。

表 1-36 玉米秸秆的营养成分

指标	含量	指标	含量
干物质/%	90	粗脂肪/%	0.9
粗蛋白/%	5.9	粗纤维/%	24.9
肉牛消化能/（MJ/kg）	5.83	中性洗涤纤维/%	59.5
肉牛增重净能/（MJ/kg）	2.53	酸性洗涤纤维/%	36.3
羊消化能/（MJ/kg）	5.83	钙/%	—
羊代谢能/（MJ/kg）	4.74	磷/%	—

注：数据来源于《肉牛饲养标准》（NY/T 815—2004）和《肉羊饲养标准》（NY/T 816—2004）。

② 加工利用

a. 粉碎法：饲喂羊时，可切短至 2~3cm 长或用粉碎机粉碎，但不宜粉碎过细或成粉末状，以免引起反刍停滞，降低消化率。

b. 微贮法：用微生物通过发酵分解秸秆中的纤维素，改善秸秆的营养价值，提高粗蛋白含量。

c.氨化法：利用液态氮、尿铵、碳铵和氨水，在密封条件下对秸秆进行氨化处理。

d.制作秸秆颗粒：粉碎后，根据牛羊的营养需要，配合适当的精料、糖蜜（糊精和甜菜渣）、维生素和矿物质添加剂，混合均匀，用环模或者平模机压制成颗粒饲料。颗粒饲料营养价值全面，体积小，使用方便，易于保存和运输。

（2）水稻秸秆

① 营养特性：水稻秸秆（图1-15）的营养价值相对较低，粗蛋白含量为4%～6%，粗纤维含量较高，可达24%～27%，木质素含量为6%～8%，无氮浸出物含量为38%～49%。稻草中灰分含量较高，但大部分都是硅酸盐（12%～16%），钙、磷等矿物质所占比例较小。肉牛对稻草的消化率约为50%。

水稻秸秆的营养成分见表1-37。

图1-15 水稻秸秆

表1-37 水稻秸秆的营养成分

指标	含量	指标	含量
干物质/%	89.4～91	粗脂肪/%	1～1.7
粗蛋白/%	2.5～6.2	粗纤维/%	24.1～27
肉牛消化能/(MJ/kg)	4.64～4.84	中性洗涤纤维/%	67.5～77.5
肉牛增重净能/(MJ/kg)	1.79～1.92	酸性洗涤纤维/%	45.8～48.8
羊消化能/(MJ/kg)	4.64～4.84	钙/%	—
羊代谢能/(MJ/kg)	3.80～3.97	磷/%	—

注：数据来源于《肉牛饲养标准》(NY/T 815—2004)《肉羊饲养标准》(NY/T 816—2004)和《中国饲料成分及营养价值表（第31版）》。

② 加工利用：稻草可铡短、粉碎或揉丝，之后可直接饲喂，一般饲喂肉牛时稻草秸秆长度为3～4cm，饲喂肉羊长度为1.5～2cm，饲喂老弱病幼的牛羊应铡更短些。稻草也可以青贮后使用，青贮后，理论上可代替全株玉米青贮的55%～75%。稻草也可以经过微贮、碱化、氨化等处理后利用。经过氨化和碱化处理后，稻草的含氮量增加1倍，消化率也得到显著提高。

（3）谷草

① 营养特性：谷草（图1-16）是禾本科作物秸秆中营养价值较高的一种，质地柔软厚实、适口性好。粗蛋白含量3%～5%，无氮浸出物含量约为42%，可消化粗蛋白和可消化总养分含量比麦秸和稻草高，肉羊对谷草有机物消化率为61%～65%，谷草的粗灰分含量较低。

谷草的营养成分见表1-38。

图1-16 谷草

表 1-38 谷草的营养成分

指标	含量	指标	含量
干物质/%	90.7	粗脂肪/%	1～1.7
粗蛋白/%	4.5	粗纤维/%	32.6
肉牛消化能/（MJ/kg）	8.18	中性洗涤纤维/%	67.8
肉牛增重净能/（MJ/kg）	3.5	酸性洗涤纤维/%	46.1
羊消化能/（MJ/kg）	6.33	钙/%	0.34
羊代谢能/（MJ/kg）	5.19	磷/%	0.03

注：数据来源于《肉牛饲养标准》（NY/T 815—2004）和《肉羊饲养标准》（NY/T 816—2004）。

② 饲喂价值：谷草单独饲喂可导致牛、羊采食量和营养物质消化率降低，但当与其它饲料（如野干草）一起饲喂时，可以提高动物采食量和消化率。有研究表明，谷草与黄贮玉米秸秆一起饲喂时，可以降低料重比、提高营养物质表观消化率、改善屠宰性能；谷草与黄贮玉米秸秆的比例为 20∶80 时效果最优。利用谷草代替育肥羊日粮粗饲料中 30%～40% 的玉米秸秆，能有效提高育肥羊的生长性能，使出栏体重增加 4.87%～7.27%。

③ 加工利用：饲喂时可将谷草压扁并切短成 2～3cm 的长度。谷草可以氨化或碱化处理，将粉碎后的谷草进行氨碱复合处理后，替代部分青贮玉米秸秆饲喂育成牛，增重效果明显。

（4）花生秸秆

① 营养特性：花生秸秆（图 1-17）营养物质含量丰富。据测定，匍匐生长的花生藤蔓茎叶中粗蛋白含量约为 10%～13%、粗脂肪含量 1.5%～2%、碳水化合物含量 46.8%，其中叶片粗蛋白含量则高达 20%。1kg 干花生藤蔓含可消化蛋白质 70g 左右，含钙 17g、磷 7g。花生藤蔓中的粗蛋白含量相当于豌豆秸的 1.6 倍，分别相当于稻草和麦秸的 6 倍和 23 倍，采食 1kg 花生藤蔓所产生的能量相当于 0.6kg 大麦。

图 1-17 花生秸秆

花生秸秆的营养成分见表 1-39。

表 1-39 花生秸秆的营养成分

指标	含量	指标	含量
干物质/%	91.3	粗脂肪/%	1.5
粗蛋白/%	11	粗纤维/%	29.6
肉牛消化能/（MJ/kg）	9.48	中性洗涤纤维/%	—
肉牛增重净能/（MJ/kg）	4.31	酸性洗涤纤维/%	—
羊消化能/（MJ/kg）	9.48	钙/%	2.46
羊代谢能/（MJ/kg）	7.77	磷/%	0.04

注：数据来源于《肉牛饲养标准》（NY/T 815—2004）和《肉羊饲养标准》（NY/T 816—2004）。

② 饲喂价值：花生秸秆作为优质饲草常用于牛羊生产中，在机械收获的花生秸秆中常常混有一些颗粒较小、不饱满或者碎开的花生，因此蛋白质和维生素含量丰富，营养价值较高。新鲜的花生秧可作为青饲料，饲喂效果可与优质豆科牧草相媲美。晒干后制成草粉，可用于配合各种畜禽的日粮。另外，在全株玉米青贮加工调制时，添加5%~10%的花生秸秆，可显著提高青贮饲料的适口性和营养价值。

③ 加工利用：花生秸秆主要加工方式是切短或揉搓，一般切成3~4cm的小段。在机械化收获花生时，机械将花生脱粒后，将秸秆和花生壳一起粉碎、过筛去土，装袋保存。

（5）绿豆秸秆

① 营养特性：绿豆作物成熟收获秸秆时，由于叶片大部分已经凋落，维生素已分解，蛋白质减少，茎秆多木质化，质地坚硬。但与禾本科作物秸秆相比，蛋白质含量较高，粗脂肪含量高，粗纤维含量少，钙、磷等矿物质含量高。

绿豆秸秆的营养成分见表1-40。

表1-40 绿豆秸秆的营养成分

指标	含量	指标	含量
干物质/%	89	粗脂肪/%	1.7
粗蛋白/%	20.5	粗纤维/%	24
肉牛消化能/(MJ/kg)	—	中性洗涤纤维/%	—
肉牛增重净能/(MJ/kg)	—	酸性洗涤纤维/%	—
羊消化能/(MJ/kg)	—	钙/%	1.44
羊代谢能/(MJ/kg)	—	磷/%	0.27

注：数据来源于FeedStuff（2017）副产品饲料成分。

② 饲喂价值：用绿豆秸秆做牛羊粗饲料时，应注意将秸秆上带有的地膜和泥沙清除干净，否则被牛羊食入后易引起瘤胃异物性积食等消化道疾病。

③ 加工利用：绿豆秸秆由于质地粗硬，适口性差，在饲喂之前应进行适当揉搓、铡短、压碎等加工处理，否则利用率很低。

二、粗饲料加工调制技术

1. 玉米秸秆塑包青贮加工调制技术

适用于以全株青贮玉米或去穗的青绿秸秆为原料的塑包青贮。

（1）适时收割　全株青贮玉米或去穗青绿秸秆应在乳熟后期（乳线2/3时）收割，此时其含水量为65%~70%，适宜制作青贮饲料。

（2）秸秆粉碎　使用秸秆粉碎机或揉搓机将原料切短或揉搓，以长度1~2cm为宜，有利于压实。

（3）打捆塑包　将粉碎后的原料输送到塑包打捆机的料仓中，经过机器液压轴挤压形成圆形或方形料块，装入特制的塑料袋内，排空袋内气体迅速封口，再装入特制的编织袋中，并用塑料扎带封口，以防塑料袋破损漏气。

（4）贮存管理　将装好的青贮袋放置在干燥、防鼠、防雨的库房中，如冬季饲喂必须防冻。入库后要经常检查塑包袋有无破损情况，如有破损及时更换包装或用胶带粘贴修复。

玉米秸秆塑包青贮加工流程见图1-18。

青贮玉米收割 → 粉(揉)碎 → 液压成型 → 装袋密封 → 码垛存放

图1-18　玉米秸秆塑包青贮加工流程

（5）青贮饲料开启与饲喂

开启：塑包青贮入库40天后便可开启取用，打开的料袋应一次性用完；不能一次用完的，应该及时封闭袋口保持厌氧。

饲喂：开始饲喂要由少到多逐渐增加，停喂时应由多到少，逐渐停止。青贮饲料应与精料和优质干草按照配方调制成TMR饲喂（TMR饲料调制方法见TMR饲料调制技术规程），推荐使用量占日粮干物质总量比例不超过30%。

（6）青贮饲料品质鉴定　无霉变现象，颜色呈新鲜黄绿色，芳香。可参照《青贮饲料技术规程》（DB15/T 34—2005）执行。

2. 玉米秸秆塑包黄贮加工调制技术

适用于以玉米在收获籽实后剩余的秸秆为原料的塑包黄贮。

（1）刈割及存放　玉米籽实成熟收获后，将秸秆刈割可直接加工调制黄贮，此时最适宜；也可在田间打捆存放，留待制作黄贮。秸秆要防止发霉，制作黄贮时应剔除霉变植株。

（2）秸秆粉碎　使用揉搓机或粉碎机将秸秆切短或揉碎，长度以1～2cm为宜。

（3）水分调节　将原料含水量调至65%～70%。

（4）黄贮制剂添加　将揉碎后的秸秆直接输送到塑包打捆机的料仓中，在料仓中均匀喷洒黄贮添加剂、糖蜜等按照秸秆总量的0.5%～1%均匀撒入玉米面。秸秆黄贮添加剂技术参数见表1-41。

表1-41　秸秆黄贮添加剂技术参数

产品名称	使用剂量	使用方法	温度参数
金宝贝	1kg调制250kg秸秆	调整秸秆含水量至65%～70%，按添加剂：水为1：1.5。添加剂倒入30～35℃的温水中充分混合，再均匀喷洒在秸秆上	夏季（28℃以上），6～8h。冬季（15℃以上），16～24h
中科海星	3g调制1t秸秆	3g添加剂加入30℃的200mL温水中，复活1～1.5h，兑入2～4L1%的盐水中，均匀喷洒在秸秆上	20℃左右条件下，贮藏20～30天即可
农富康	100g调制2t秸秆	100g添加剂倒入30℃的200mL温水中，复活1h，兑入2～4L自来水，均匀喷洒在秸秆上	20℃左右条件下，贮藏20～30天即可
玉米面	按贮原料重量0.5%～1.0%添加	均匀洒在粉碎的秸秆上	

（5）打捆塑包 将粉碎后的秸秆输送到塑包打捆机的料仓中，经过机器液压轴挤压形成圆形或方形料块，装入特制的塑料袋内，排空袋内气体迅速封口，再装入特制的编织袋中以塑料扎带封口，以防塑料袋破损。

（6）贮存管理 将装好的青贮袋放置在干燥、防鼠、防雨的库房中，如冬季饲喂必须防冻。入库后要经常检查外塑包袋破损情况，如有破损及时更换包装或用胶带粘贴修复。

玉米秸秆黄贮加工流程见图1-19。

图1-19 玉米秸秆黄贮加工流程

（7）黄贮饲料的开启与饲喂

与玉米秸秆塑包青贮相同。

（8）黄贮饲料品质鉴定 黄贮饲料品质鉴定无国家标准，可参照《青贮饲料技术规程》（DB15/T 34—2005）执行。

3. 秸秆糟化酵贮技术

适用于以玉米收获后的秸秆为原料的糟化酵贮制作。

（1）秸秆刈割与粉碎 将果穗收获后的玉米秸秆刈割，剔除发霉植株，用粉碎机或揉搓机切短或揉碎，长度1~2cm。

（2）酵贮饲料的调制

① 秸秆糟化饲料（秸秆+酒糟）：按照1:2的比例，将酿酒产生的新鲜白酒糟与上述揉碎的玉米秸、0.2%~0.3%糖化酶混合，加入混合机中，混合10分钟后，装入糟化酵贮池中，每填装10cm要压实一次（或随填随压），用塑料膜封顶盖严。

秸秆糟化饲料加工流程图见图1-20。

图1-20 秸秆糟化饲料加工流程

② 秸秆糟化日粮（秸秆+酒糟+精料）：按照本方法加工的日粮可直接饲喂牛羊。按照酒糟:秸秆:精料为35:50:15的比例，将酿酒产生的新鲜酒糟、揉碎的玉米秸秆和精料加入混合机中，混合10分钟后，装入糟化酵贮池中，每填装10cm要压实一次（或随填随压），用塑料膜封顶盖严。在夏季，按照上述方法加工后的日粮，直接饲喂即可。

秸秆糟化日粮加工流程见图1-21。

图1-21 秸秆糟化日粮加工流程

（3）酵贮饲料的管理　每次制作数量不宜过多，秸秆糟化饲料（秸秆+酒糟）要求夏季2～3天用完、冬季7～10天内用完；秸秆糟化日粮（秸秆+酒糟+精料）要求分批次调制，每批要在3天内用完。

酵贮饲料应在室内贮制，并避免在阳光下暴晒及雨水渗入。

（4）酵贮饲料开启与饲喂

① 开启：一般在室温下3～5天即可调制成功，随取随喂。开启酵贮池的面积大小应适宜，取料面要整齐，取料后及时封盖，避免大面积暴露在空气中。

② 饲喂：秸秆糟化饲料要与精料和干草按照配方调制成TMR饲喂。秸秆糟化日粮已经为全价饲料，可直接饲喂。开始饲喂要由少到多逐渐增加，停喂时应由多到少，逐渐停止。

4. 干玉米秸秆压缩打捆贮存技术

干玉米秸秆压缩打捆贮存技术是将自然风干的秸秆通过揉丝、压缩打捆后保存，目的是易于贮存、取用方便、防止霉变、提高秸秆利用率，可有效解决牛羊舍饲规模化养殖中雨季粗饲料供应的问题。

（1）收割存放　玉米秋季收获籽实后，及时将秸秆收割打成小捆，立地堆放，以利于快速风干，减少营养损失，防止发霉。

（2）揉丝打捆　一般在东北、华北地区每年到12月份后，秸秆经风干后水分含量降至14%以下，可以进行压捆贮存。

使用揉丝机将秸秆揉丝打碎，再通过秸秆打捆机压缩成捆或块状，然后装入网袋或用塑料绳捆扎。

（3）码垛存放　将打捆后的干秸秆放置在干燥、通风、防鼠、防雨的贮存库（棚）中。

5. TMR饲料加工调制技术

适用于全舍饲育肥牛羊TMR日粮加工调制及饲喂。

（1）粗饲料粉碎　将粗饲料用粉碎机或揉搓机揉碎或切短，饲喂肉牛时切成3～5cm，饲喂羊时切成1～2cm，加工时应剔除发霉株和杂物。

（2）原料的称量　根据日粮配方，分别计算出所需各类原料的量，依次称量。

（3）精料预混合　自配精料时要先将食盐、预混剂、磷酸氢钙等微量添加成分与适量的玉米面预混，之后再将精料中所有原料混合均匀。

（4）全混合日粮调制　将精料和粗料依次加入TMR混合机中，同时加水，混合10～15分钟。以精料均匀地粘在粗料上，没有精料块和草团为准，同时避免混拌时间过长而出现精粗饲料分层。

（5）加水要点　加水量应依据饲料原料含水量灵活掌握，当有青贮饲料时加水量约占总量12%，没有青贮饲料时加水量约18%。判断标准是配成的全混合日粮抓在手里成块，松开手落地后又散开。

（6）TMR 日粮保存　TMR 日粮要求当天调制、当天饲喂。夏季放置于阴凉通风处，避免在室外暴晒。冬季放置在温暖的室内，避免冻结。有条件的养殖场，应现制现喂。

（7）TMR 日粮饲喂

① 分群饲喂：为了发挥 TMR 日粮的技术优势，要对育肥牛羊按照体况分群配制、分群饲喂。特殊个体适当补饲。

② 均匀上料：根据养殖场日饲喂次数合理安排每次上料量，保证全天日粮分次均匀供给，避免一次上料过多、采食不净而发生酸败。

③ 清理料槽：在上料前需要清空料槽，避免上次的剩料酸败而影响后续采食。

④ 饮水：冬季水温在 15～20℃，夏季可直接饮自来水。

（8）舍饲育肥羊 TMR 日粮推荐配方见表 1-42～表 1-46。

表 1-42　舍饲种公羊非配种期日粮

配方	玉米/%	豆粕/%	大豆皮/%	氢钙/%	食盐/%	小苏打/%	预混剂/%	黄贮/干玉米秸/%	绿豆秸/%	全株玉米青贮/%
1	17.21	12.29	12.29	1.03	0.74	0.34	1.00	25.59	29.51	—
2	17.21	15.74	12.29	1.03	0.74	0.34	1.00	22.14	—	29.51

营养水平									
营养指标	蛋白质/%	代谢能/（MJ/kg）	钙/%	磷/%	盐/%	预混剂/%	钙磷比	推荐喂量/（kg/d）	
1	12.86	10.08	0.85	0.44	0.74	1.00	1.94	2.0～2.2	
2	12.96	9.95	0.63	0.38	0.74	1.00			

表 1-43　舍饲种公羊配种期日粮

配方	玉米/%	豆粕/%	大豆皮/%	氢钙/%	食盐/%	小苏打/%	预混剂/%	黄贮/干玉米秸/%	绿豆秸/%	花生秸/%	全株玉米青贮/%
1	17.59	14.59	14.59	0.88	0.71	0.29	1.00	19.51	25.01	5.83	—
2	17.59	17.59	14.59	0.88	0.71	0.29	1.00	16.51	—	5.83	25.01

营养水平								
营养指标	蛋白质/%	代谢能/（MJ/kg）	钙/%	磷/%	盐/%	预混剂/%	钙磷比	推荐喂量/（kg/d）
1	13.43	10.01	0.77	0.41	0.71	1.00	1.86	1.9～2.1
2	13.51	10.00	0.67	0.41	0.71	1.00	1.63	

表 1-44　舍饲育成公羊日粮

配方	玉米/%	豆粕/%	大豆皮/%	氢钙/%	食盐/%	小苏打/%	预混剂/%	黄贮/干玉米秸/%	绿豆秸/%	全株玉米青贮/%
1	14.19	21.68	22.02	0.85	0.62	0.28	1.00	11.78	27.58	—
2	14.19	23.68	22.02	0.85	0.62	0.28	1.00	11.78	—	25.58

营养指标	蛋白质/%	代谢能/（MJ/kg）	钙/%	磷/%	盐/%	预混剂/%	钙磷比	推荐喂量/（kg/d）
1	16.79	10.26	0.78	0.43	0.62	1.00	1.81	1.3~1.6
2	16.54	10.21	0.72	0.41	0.62	1.00	1.76	

表1-45 舍饲母羊（妊娠后期+泌乳期）日粮

配方	玉米/%	豆粕/%	大豆皮/%	氢钙/%	食盐/%	小苏打/%	预混剂/%	黄贮/干玉米秸/%	绿豆秸/%	全株玉米青贮/%
1	23.10	17.29	6.19	0.71	0.82	0.20	1.00	22.30	28.39	—
2	22.10	19.29	6.19	0.71	0.82	0.20	1.00	21.30	—	28.39

营养水平

营养指标	蛋白质/%	代谢能/（MJ/kg）	钙/%	磷/%	盐/%	预混剂/%	钙磷比	推荐喂量/（kg/d）
1	13.23	10.17	0.75	0.39	0.82	1.00	1.93	1.8~2.0
2	13.30	10.07	0.65	0.36	0.82	1.00	1.81	

表1-46 舍饲育肥日粮

配方	玉米/%	豆粕/%	大豆皮/%	氢钙/%	食盐/%	小苏打/%	预混剂/%	黄贮/干玉米秸/%	花生秸/%	全株玉米青贮/%
1	21.12	19.46	11.29	0.96	0.71	0.44	0.82	20.70	24.50	—
2	21.12	21.46	11.29	0.96	0.71	0.44	0.82	18.70	—	24.50

营养水平

营养指标	蛋白质/%	代谢能/（MJ/kg）	钙/%	磷/%	盐/%	预混剂/%	钙磷比	推荐喂量/（kg/d）
1	11.41	9.97	0.84	0.44	0.71	1.00	1.93	1.5~1.8
2	11.29	9.88	0.78	0.41	0.71	1.00	1.90	

6.小叶锦鸡儿饲喂育肥羊技术

适用于以小叶锦鸡儿（柠条）为主要粗饲料原料的肉羊育肥生产。

（1）适时收割、加工 在每年5月下旬~9月上旬，采用人工刈割的方法，在距离主根3~8cm处将小叶锦鸡儿（图1-22）割下（图1-23），放置在通风阴凉处控水24~48h。利用秸秆揉搓机将小叶锦鸡儿枝条揉搓成长度3~7cm的丝条状。再将其放置在通风阴凉处风干3~5天，使物料水分达到15%~25%后，用秸秆揉丝机将其长度揉为 1~2cm（图 1-24）。

图 1-22　生长的小叶锦鸡儿

图 1-23　收割下的小叶锦鸡儿

（2）制粒　揉搓后的小叶锦鸡儿可以直接饲喂。

为了运输和贮存方便，也可以制作成颗粒饲料使用。将粉碎后的原料用环模机压制成长度 2~4cm，粒度 0.6~0.8cm 的圆柱状颗粒，经过冷却后装袋封口（图 1-25）。

图 1-24　揉搓后的小叶锦鸡儿

图 1-25　小叶锦鸡儿颗粒

（3）贮存管理　将封装好的小叶锦鸡儿饲料放置在干燥、防雨的库房中保存。

（4）日粮调制及饲喂　小叶锦鸡儿是优质的粗饲料，蛋白质含量达到 12% 以上，可以替代一部分苜蓿干草。

按照 TMR 日粮加工调制技术操作即可。推荐以小叶锦鸡儿为主要粗饲料，再配合玉米秸秆、花生秸秆，肉羊育肥配方见表 1-47、表 1-48。

表 1-47　舍饲育肥日粮（小叶锦鸡儿+玉米秸秆）

配方	玉米/%	豆粕/%	麸皮/%	大豆油/%	磷酸二氢钙/%	小叶锦鸡儿/%	食盐/%	预混剂/%	玉米秸/%
1	18.79	10.64	8.59	4.67	0.42	24.07	0.86	1.00	30.96
2	18.37	16.16	4.05	4.29	0.34	37.0	0.83	1.00	17.96
营养水平									
营养指标	干物质/%	蛋白质/%	代谢能/(MJ/kg)	钙/%	磷/%	钙磷比	粗纤维/%	精粗比	推荐喂量/(kg/d)
1	86.24	11.25	9.07	0.46	0.45	1.04	17.33	45∶55	2.0~2.4
2	87.03	13.20	9.59	0.53	0.35	1.53	18.35	45∶55	

表 1-48　舍饲育肥日粮（小叶锦鸡儿+花生秸秆）

配方	玉米/%	豆粕/%	麸皮/%	油脂/%	磷酸二氢钙/%	小叶锦鸡儿/%	食盐/%	预混剂/%	花生秸/%
1	15.97	10.64	8.59	4.67	0.42	22.66	0.86	1.00	35.19
2	16.96	14.76	4.05	4.29	0.34	36.99	0.83	1.00	20.78

营养水平									
营养指标	干物质/%	蛋白质/%	代谢能/(MJ/kg)	钙/%	磷/%	钙磷比	粗纤维/%	精粗比	推荐喂量/(kg/d)
1	86.70	12.56	9.61	1.05	0.38	2.76	18.79	42∶58	2.0～2.4
2	87.34	13.54	9.89	0.88	0.31	2.90	19.53	42∶58	

7. 谷草饲喂育肥肉羊技术

适用于以谷草为主要粗饲料原料的肉羊育肥生产。

（1）适时收割、揉搓　秋季谷子收获后，将采用机械脱粒后的谷草，利用揉丝机揉成长度 1～2cm。

（2）贮存管理　揉丝后的谷草可以采用干秸秆压缩打捆的方法，压制成干草块并装入网状袋子中，放置在干燥、防雨的库房中保存。

（3）日粮调制及饲喂　揉搓后的谷草作为禾本科作物粗饲料与苜蓿、花生秸秆搭配，可以作为育肥肉羊日粮粗饲料使用。按照 TMR 日粮加工调制技术操作即可。

推荐以谷草为主要粗饲料，再配合以苜蓿、玉米秸秆、花生秸秆，配制肉羊育肥配方见表 1-49、表 1-50。

表 1-49　舍饲育肥日粮（谷草+苜蓿+玉米秸）

配方	玉米/%	豆粕/%	油脂/%	磷酸钙/%	石粉/%	谷草/%	食盐/%	预混剂/%	苜蓿/%	玉米秸/%
1	18.24	14.88	9.00	0.98	0.09	5.01	0.87	0.99	18.03	31.91
2	17.47	15.19	9.45	0.98	0.09	10.01	0.87	1.00	18.28	26.66
3	17.51	15.18	9.41	0.98	0.09	15.00	0.87	1.00	19.15	20.81
4	17.28	15.39	9.41	0.98	0.09	20.00	0.87	1.00	19.44	15.54

营养水平									
营养指标	干物质/%	蛋白质/%	代谢能/(MJ/kg)	钙/%	磷/%	钙磷比	粗纤维/%	精粗比	推荐喂量/(kg/d)
1	90.89	12.5	9.26	0.77	0.45	1.72	15.3	45∶55	
2	90.99	12.49	9.3	0.76	0.44	1.73	15.58	45∶55	2.0～2.4
3	91.03	12.49	9.3	0.75	0.43	1.76	15.88	45∶55	
4	91.08	12.49	9.28	0.74	0.42	1.77	16.17	45∶55	

表 1-50 舍饲育肥日粮（谷草+苜蓿+花生秸）

配方	玉米/%	豆粕/%	油脂/%	磷酸钙/%	石粉/%	谷草/%	食盐/%	预混剂/%	苜蓿/%	花生秸/%
1	18.24	14.88	9.00	0.98	0.09	5.01	0.87	0.99	18.03	31.91
2	16.58	14.41	8.97	0.93	0.09	9.50	0.83	0.95	17.35	30.39
3	15.74	13.65	8.46	0.88	0.08	13.48	0.79	0.90	17.22	28.80
4	14.83	13.56	8.08	0.84	0.08	17.17	0.75	0.86	16.68	27.15

营养水平

营养指标	干物质/%	蛋白质/%	代谢能/(MJ/kg)	钙/%	磷/%	钙磷比	粗纤维/%	精粗比	推荐喂量/(kg/d)
1	91.31	13.81	10.58	0.93	0.42	2.21	15.41	45∶55	2.0～2.4
2	91.33	13.40	10.33	0.91	0.40	2.25	16.13	43∶57	
3	91.30	13.01	10.04	0.89	0.39	2.30	16.83	40.5∶59.5	
4	91.28	12.69	9.78	0.87	0.37	2.33	17.42	39.0∶61.0	

第二章 肉牛肉羊品种

第一节 肉牛品种

一、西门塔尔牛

1. 原产地

原产于瑞士西部的阿尔卑斯山区,主要产地是西门塔尔平原和萨能平原,是瑞士数量最多的牛品种。为世界著名的大型乳、肉、役兼用品种。加拿大的西门塔尔牛又称加系西门塔尔牛,属于肉乳兼用品种。

2. 外貌特征

西门塔尔牛(图2-1、图2-2)毛色多为黄白花或淡红白花,头、胸、腹下、四肢下部、尾帚多为白色。额与颈上有卷毛。角较细,向外上方弯曲。后躯较前躯发达,体躯呈圆筒状。四肢强壮,大腿肌肉发达。乳房发育中等。成年公牛体重平均为800～1200kg,母牛600～750kg;犊牛初生重为30～45kg。

图2-1 西门塔尔公牛　　图2-2 西门塔尔母牛

3. 生产性能

西门塔尔牛的乳用和肉用性能均较好。泌乳期平均产奶量在4000kg以上,乳脂率4%。周岁内平均日增重0.8～1.0kg,肥育后公牛屠宰率65%左右,瘦肉多,脂肪少，肉质佳。成年母牛难产率为2.8%。该品种牛适应性强，耐粗放管理。我国目前约有中国西门塔尔牛30000余头，核心群平均产奶量已突破4500kg。

4. 引种与利用

目前，西门塔尔牛是世界第二大品种牛，总头数达4000万头，其头数仅次于荷斯坦牛。中国西门塔尔牛于2001年10月通过国家品种审定，在我国北方及长江流域各省设有原种场。

西门塔尔牛是改良我国黄牛范围最广、数量最多、杂交效果最成功的牛种。西门塔尔牛的杂交后代，主要表现为生长速度快。在2~3个月的短期肥育中，日增重一般可达1134~1247g，16月龄屠宰时，屠宰率达55%以上；20月龄强度肥育时，屠宰率达60%~62%，净肉率为50%。西门塔尔牛的优点是能为下一轮杂交提供很好的母系，后代母牛产奶量成倍提高。

二、夏洛来牛

1. 原产地

原产于法国中西部到东南部的夏洛来省和涅夫勒地区，是世界闻名的大型肉用牛品种。

2. 外貌特征

夏洛来牛（图2-3、图2-4）被毛白色或乳白色，皮肤常带有色斑。全身肌肉特别发达，骨骼结实，四肢强壮。头小而宽，嘴端宽、方，角圆而较长、并向前方伸展。颈粗短，胸宽深，肋骨方圆，背宽肉厚，体躯丰满呈圆桶状，后臀肌肉发达，并向后面和侧面突出。成年公牛体重1100~1200kg，母牛700~800kg。

图2-3　夏洛来公牛

图2-4　夏洛来母牛

3. 生产性能

夏洛来牛最显著的特点是生长速度快，瘦肉率高，耐粗饲。在良好的饲养条件下，6月龄公犊可达250kg，日增重可达1.4kg，屠宰率为60%~70%，胴体瘦肉率为80%~85%。该牛纯种繁殖时难产率高达13.7%。夏洛来牛肌肉纤维比较粗糙，肉质嫩度不够好。

4. 引种与利用

夏洛来牛是国际上肉牛杂交的主要父系,与西门塔尔改良牛的杂交牛为出口和涉外宾馆提供了大量的合格牛源,杂交公犊在强度肥育之下平均日增重可达 1200g。夏洛来牛在眼肌面积改良上作用最好,臀部肌肉发达,在生产西冷和米龙等高价分割肉块时具有优势,是一个体形硕大,骨量很大的牛种,要求的营养水平很高。

我国于 1964 年和 1974 年,先后从法国引进该品种,主要分布在东北、西北和南方部分地区。该牛与本地黄牛杂交,夏杂后代体格明显加大,增长速度加快,杂种优势明显。例如辽宁省培育出的辽育白牛就是以夏洛来公牛做父本,杂交培育而成的肉牛品种。

三、利木赞牛

1. 原产地

原产于法国中部利木赞高原,数量仅次于夏洛来牛,为法国第二大品种。目前有 54 个国家引入利木赞牛,属于大型肉用牛品种。

2. 外貌特征

利木赞牛(图 2-5)被毛为红色或黄色,口、鼻、眼圈周围、四肢内侧及尾帚毛色较浅,角为白色,蹄为红褐色。头较短小,额宽,胸部宽深,体躯较长,后躯肌肉丰满,四肢粗短。成年公牛平均体重 1100kg,母牛 600kg。在法国,公牛体重可达 1200~1500kg,母牛达 600~800kg。

图 2-5 利木赞公牛

3. 生产性能

产肉性能高,胴体质量好,眼肌面积大,前后肢肌肉丰满,出肉率高。10 月龄体重即可达 408kg,哺乳期平均日增重为 0.86~1.0kg。8 月龄小牛即具有大理石花纹的肉质。利木赞牛难产率极低,一般只有 0.5%。

4. 引种与利用

利木赞牛是国际上常用的杂交父系之一。它的优点是肌肉纤维细,肌间脂肪分布均匀,肌肉嫩度好,母牛泌乳能力略差。利木赞牛常用于第二或第三次轮回杂交,其后代难产率较低,在环境条件较差的地方,与顺产率高的牛种杂交后,母犊可继续留作母本。

我国于 1974 年开始从法国引入,主要分布在黑龙江、辽宁、山东、安徽、陕西、河南和内蒙古等地。由于利木赞牛毛色非常接近黄牛,比较受欢迎,与本地黄牛杂交,杂种优势显著。

四、安格斯牛

1. 原产地

原产于英国的阿伯丁、安格斯等地区，是英国最古老的小型肉用牛品种之一，占国肉牛总数的 1/3。

2. 外貌特征

安格斯牛（图 2-6、图 2-7）无角，头小额宽，表形清秀，体躯宽深，呈圆桶状，背腰宽平，四肢短，后躯发达，肌肉丰满。被毛为黑色，光泽性好。近些年来，美国、加拿大等国家育成了红色安格斯牛。公牛体重 700～900kg，母牛 500～600kg。

图 2-6 安格斯公牛

图 2-7 安格斯母牛

3. 生产性能

安格斯牛具有良好的肉用性能，被认为是世界上专门化肉牛品种中的典型品种之一。其表现为早熟，耐粗饲，胴体品质高，出肉多。哺乳期日增重 900～1000g。育肥期（1.5 岁以内）日增重 0.7～0.9kg，屠宰率 60%～70%。

难产率低，放牧性能好，性情温顺，耐寒，适应性强，是国际肉牛杂交体系中最好的母系。

4. 引种与利用

安格斯牛在我国一直没有受到重视，因为它是中等体格，对黄牛改良后的体高等影响不大，受到冷落，几乎接近绝种，但这个牛种十分耐粗饲，比蒙古牛对严酷气候的耐受力更强。待对肉质要求提高后，安格斯牛的优势将更加明显。

五、皮埃蒙特牛

1. 原产地

原产于意大利北部皮埃蒙特地区，属大型肉用牛品种，是目前国际公认的终端父本。

2. 外貌特征

皮埃蒙特牛（图 2-8）被毛灰白色，鼻镜、眼圈、肛门、阴门、耳尖、尾帚等为黑色。犊牛出生时被毛为浅黄色，以后慢慢变为白色。中等体型，皮薄，骨细。全身肌肉丰满，外形健美。后躯特别发达，双肌性能表现明显。公牛体重不低于1000kg，母牛平均为500～600kg。公母牛的体高分别为150cm和136cm。

3. 生产性能

皮埃蒙特牛生长快，肥育期平均日增重1.5kg，生长速度为肉用品种之首。肉质细嫩，瘦肉含量高，屠宰率一般为65%～70%，胴体瘦肉率达84.13%，脂肪和胆固醇含量低。

4. 引种与利用

皮埃蒙特牛是意大利的新兴肉牛品种，以高屠宰率、高瘦肉率、大眼肌面积（可改良夏洛来牛的眼肌面积），以及鲜嫩的肉质和弹性度极高的皮张而著名。

我国于1986年引进皮埃蒙特牛冻精和冻胚，主要分布在我国山东、河南、黑龙江、北京和辽宁。现已在全国12个省（市、自治区）推广，杂交效果良好。皮杂后代生长速度达到国内肉牛领先水平。

六、海福特牛

1. 原产地

原产于英格兰西部的海福特郡，是世界上最古老的中小型早熟肉牛品种。

2. 外貌特征

海福特牛（图2-9）体躯毛色为橙黄色或黄红色，具有"六白"特征，即头、颈垂、鬐甲、腹下、四肢下部及尾尖为白色。海福特牛分为有角和无角两种。公牛角向两侧伸展，向下方弯曲，母牛角向上挑起。海福特牛颈粗短，体躯肌肉丰满，呈圆桶状，背腰宽平，臀部宽厚，肌肉发达，四肢短粗。

图2-8　皮埃蒙特公牛　　　　图2-9　海福特公牛

3. 生产性能

在良好条件下，7～12月龄日增重可达1.4kg以上。一般屠宰率为60%～65%。18月龄公牛体重可达500kg以上。

4. 引种与利用

海福特牛是英国老牌的肉用品种之一。我国于 1974 年从英国引入，海杂后代生长快，抗病耐寒，适应性好；其改良牛生长良好，但体高改良却不明显，在肉牛市场上不显眼，在当时缺乏胴体性状对比的情况下，未受到重视。

七、辽育白牛

1. 原产地

中国第三个肉牛品种，是辽宁省以夏洛来牛为父本，以辽宁北部、中西部和东部地区的本地黄牛为母本，级进杂交后，选择第 4 代优秀个体进行横交固定后选育而成的。因全身被毛白色而得名，2010 年 1 月通过国家肉牛新品种认定。

2. 外貌特征

辽育白牛（图 2-10、图 2-11）全身被毛呈白色，鼻镜肉色，蹄角多为蜡色；体型大，肌肉丰满，体躯呈长方形；头宽稍短，额阔唇宽，耳中等偏大；有角或无角。公牛头方正，额宽平直，顶部有长毛，角呈锥状，向外侧延伸；母牛头清秀，角细圆，向两侧并向前伸展；颈粗短，母牛颈平直，公牛颈隆起，无肩峰，母牛颈部和胸部多有垂皮，公牛垂皮发达；胸深宽，肋圆，背腰宽厚、平直，尻部宽长，臀端宽齐，后腿部肌肉丰满向后突出；四肢粗壮，长短适中，蹄质结实；尾中等长度；母牛乳房发育良好。

图 2-10　辽育白公牛（张丽君提供）　图 2-11　辽育白母牛（张丽君提供）

3. 生产性能

辽育白牛成年公、母牛体重分别为 1070kg、497kg，体高分别为 153cm、131cm；公、母牛初生重分别为 43kg、40kg，6 月龄（断奶）体重分别 231kg、198kg；18 月龄中等育肥程度的公牛胴体重 336kg，屠宰率 58%，产肉量 162kg，眼肌面积 80cm^2；小架子牛在自由采食干玉米秸秆、日补饲精料 3~4kg 情况下，日增重 1kg 左右。母牛的适宜初产年龄为 26~28 月龄，经产牛难产率 3% 左右。

辽育白牛体质健壮、性情温顺；耐粗饲、耐寒冷、抗逆性强、适应性广，易饲养；采食量大、增重快，适宜肥育；屠宰率高、品质好；辽育白牛分布于大连地区（大连市的庄河也有分布)之外的辽宁大部分地区，其中以黑山、喀左、昌图及其周边县(市)的辽育白牛数量最多、质量最好。

第二节　肉牛品种的选择与利用

发展肉牛养殖产业，需要有优良的肉用牛品种或适宜的肉牛配套系。引种是为了引进优良基因，改良和提高原有品种的生产性能或改变原有品种的生产方向，使其创造更高的经济效益。

优良肉牛品种的主要种质特性包括肌肉发达、骨骼结实、四肢强壮、早期生长速度快、眼肌面积大、胴体质量好、屠宰率和净肉率高等。

目前，我国大多数地区的肉牛生产方式是利用本地母牛与外来优秀公牛杂交，利用杂种优势开展肉牛育肥生产，取得了较为理想的效果。但还要结合当地的地理特征、气候条件、环境资源、市场需求等因素，综合分析不同肉牛品种的适应性和生产力等特点，选择最合适的品种。

一、引种方式

1. 引进冻精

引进优良公牛的冷冻精液，采用人工授精方式改良本地黄牛，提高原种群的生产性能。冷冻精液的运输轻便安全，投资少，且易于推广，是目前最普遍的引种方式，但要注意冷冻精液的质量。

2. 引进胚胎

引进良种牛的冷冻胚胎，进行胚胎移植，可生产出优良的纯种牛后代个体。引进胚胎虽然运输方便，但胚胎数量有限，成本较高，对移植技术要求也较高，需要有专业的技术队伍和仪器设备，在生产中推广有一定难度。

二、引种原则

1. 根据肉牛优势区域布局规划，选择适宜的肉牛品种

农业农村部曾发布肉牛优势区域布局规划，明确了各区域肉牛养殖产业的目标定位与主攻方向。养殖户应首先参照区域布局规划给出的指导意见，选择适合本区域目标定位的肉牛品种。

东北区域具有丰富的饲料资源，种类多、价格低。建议该区域使用西门塔尔牛、安格斯牛、夏洛来牛、利木赞牛等品种的改良牛。该区域内的地方品种牛，如延边牛、蒙古牛、三河牛和草原红牛等，具有繁殖性能好、耐寒、耐粗饲等特点，可有计划地

选择使用。

2. 根据母牛体型，选择相应的肉牛品种

小型母牛选择公牛配种时，公牛品种的平均成年体重不宜太大，以防母牛发生难产。选配时可采用平均体重比较法：将母牛品种成年体重与待选公牛品种成年体重相比，以公牛不超过母牛30%~40%为宜。大型品种公牛与中小型品种母牛杂交时，不能使用初配母牛，而应该用经产母牛配种，以降低难产率。

3. 防止同一头公牛的冷冻精液在同一地区使用过久

同一头公牛的冷冻精液在一个地区使用过久（3~4年及以上），会造成盲目近交。在我国黄牛分布区，由政府部门批准执行的保种区（场）内，严禁引入外来品种牛同当地牛杂交。

4. 科学的饲养管理方法

只有对杂种肉牛进行科学的饲养管理，才能充分发挥杂种优势。用饲养役牛的办法来饲养改良牛，会造成杂种小牛"生下像他爸，长大像他妈"的现象，不能体现出改良牛的生长优势。良种要用良法养，这是取得良好改良效果的一条基本措施。

5. 引种场所的选择

引种前，要了解供种场是否有营业执照，是否有畜牧部门签发的《种畜禽生产许可证》和《动物防疫条件合格证》，并了解该场的发展历史、生产现状、疫病状况和售后技术服务等情况。

经过认真考察，选择规模大、信誉好、质量佳、管理严格、售后服务完善的生产单位进行引种，最好选择位于主产地区的种牛繁育改良站引种。

6. 根据当地自然条件引种

（1）农区　以种植业为主的地区，作物秸秆多，可饲养西门塔尔牛等品种的改良牛，为产粮区提供架子牛，以获取较佳经济效益；在酿酒业与淀粉业发达的地区，可充分利用酒糟、粉渣等农副产品，购进架子牛进行专业育肥，能大幅度降低生产成本，取得较好的经济收益。

（2）牧区　牧区饲草资源丰富，养殖业发达，肉牛产业应以饲养西门塔尔牛、安格斯牛、海福特牛等引进品种的改良牛为主，主要为农区及城市郊区提供架子牛。

山区也具有充足的饲草资源，但肉牛育肥相对困难，可以借鉴牧区的养殖模式，专门培育西门塔尔牛、安格斯牛、海福特牛等改良牛的架子牛。

三、引种前的准备

1. 根据市场需要确定引进的肉牛品种

（1）瘦肉市场　市场需求脂肪含量低的牛肉时，可选择皮埃蒙特牛、夏洛来牛、比利时蓝白花牛等引进品种的改良牛，或者选择荷斯坦牛的公犊。

（2）肥肉市场 市场需要脂肪含量较高的牛肉时，可优先选择地方优良品种，如晋南牛、秦川牛、南阳牛和鲁西牛等，这些品种耐粗饲，只要日粮能量水平高，即可获得脂肪含量较高的胴体。

除了地方品种外，也可选择安格斯牛、海福特牛、短角牛等引进品种的改良牛，引进品种（除海福特牛外）均不耐粗饲，需要有良好的饲料条件。

（3）花肉市场 高品质的五花牛肉，俗称"大理石状"牛肉或"雪花"牛肉，具有香、鲜、嫩的特点，是中西餐均适用的高档产品。市场需求五花牛肉时，可选择地方优良品种以及安格斯牛、利木赞牛、西门塔尔牛、短角牛等引进品种的改良牛。在高营养条件下育肥，这类牛既能获得高日增重，也容易生产出受市场欢迎的五花肉。

（4）白肉市场 白肉是用犊牛育肥生产出来的，肉色全白或稍带浅粉色，肉质细嫩，营养丰富，味道鲜美，市场价格比普通牛肉高出数倍。

生产白肉的牛品种，以乳用公犊最佳，肉用公犊次之。市场需要白肉时，选择淘汰的奶公牛犊，低成本就可获得高效益。选择夏洛来牛、利木赞牛、西门塔尔牛、皮埃蒙特牛等优良品种改良的公犊，也可生产出优质的小白牛肉。

2. 技术准备

随着肉牛业的不断发展，养殖规模的扩大、技术缺乏成为发展肉牛业的难题。因此，对于较大规模的引种企业，应做好技术人员配备和培训，人员分工和各项规章制度的建立，做到有章可循，有条不紊，忙而不乱。

四、经济杂交

肉牛养殖普遍利用杂交育种理论，广泛开展各种形式的经济杂交，在短时间内生产出高生产性能潜力的肉牛，从而在原有基础上获得更高的经济效益。

大量研究表明：两品种杂交优于纯种繁殖，三品种杂交又优于两品种杂交，但四品种以上的杂交效果并不明显。

1. 二元杂交

二元杂交是利用引进的优良种公牛与当地生产性能较低的母牛杂交，产生杂种一代全部用于育肥，不留作种用。二元杂交的目的就是利用子一代的杂种优势。

肉牛生产中常用的杂交方式是级进杂交。例如纯种西门塔尔公牛与当地母牛杂交产生子一代，具有 1/2 的西门塔尔血缘，子一代母牛再用另一头纯种西门塔尔公牛杂交，产生二代西杂，具有 3/4 西门塔尔牛血缘，以此类推，杂交代别越高纯度越高。目前在我国已获得普遍认可的父本品种有西门塔尔牛、夏洛来牛和利木赞牛。

2. 三元杂交

用两个品种（或种群）杂交，所生杂种母牛再与第三个品种（或种群）杂交，所产生的子二代杂种用作育肥。

三元杂交后代集合了三个种群的优点,与二元杂交相比,三元杂交增重优势更显著,饲料转化效率更高,经济效益提高更明显,杂交后代更加接近肉牛体型,屠宰性状和肉品质优势尤为突出,表现出较明显的终端父本特征。

三元杂交一般先用西门塔尔牛与当地母牛杂交,产生子一代(西杂),然后再用夏洛来牛做父本与西杂进行杂交,所生出的犊牛就是三元杂交牛。三元杂交后代具有个体高大、生长速度快、产肉率高、肉质细嫩、大理石花纹好等优点。

3. 常见的肉牛杂交模式

(1)西门塔尔牛×本地黄牛 杂交后代(西杂)除了具有较明显的西门塔尔牛特征外,还具有发育良好、适应性强、耐粗饲、抗逆性强等特点,能显著提高体尺和体重指标,生产性能提高30%以上。级进杂交二代生长性能优于杂交一代,随着杂交代次的增加,杂种牛生长速度更快,育肥性能更好。

(2)安格斯牛×本地黄牛 杂交后代(安杂)除了具有较明显的安格斯牛特征外,还具有耐寒、耐粗饲、抗病力强的特点,安杂牛全期增重和平均日增重等均高于本地黄牛。此外,安格斯牛作为中小型肉用品种,用其改良本地黄牛,所产杂交后代初生重较小,可有效避免难产现象的发生。

(3)夏洛来牛×本地黄牛 杂交后代(夏杂)适应性强、生长快、合群性好、易于管理,夏杂初生重一般在30kg以上,比本地牛提高了25%左右。在合理的饲养条件下,屠宰率可达45.3%~50.4%,净肉率约为40.6%。

二元杂交应用中,夏洛来牛表现出了较好的杂种优势,我国采用级进杂交方法,分别培育出了"夏南牛(2007年)"和"辽育白牛(2009年)"两个肉牛品种。夏南牛含37.5%的夏洛来牛血统和62.5%的南阳牛血统,具有耐寒、耐粗饲、抗逆性好等优点。辽育白牛含有93.75%夏洛来牛血统和6.25%的辽宁本地黄牛血统,其繁殖力和早熟性良好,抗寒能力最为突出。

(4)利木赞牛×本地黄牛 杂交后代(利杂)除了具有较明显的利木赞特征外,还具有适应性好、抗病力强、生产性能高等优点。辽宁省在1998年至2005年间,曾利用利木赞牛杂交本地复州牛,产生的"利复牛"具有较为突出的杂交效果。在肉品质方面,利杂牛肉在氨基酸和矿物质营养特性等方面表现出较高的杂种优势。

第三节 肉羊品种

优良品种是发展现代肉羊产业的基础,在提高肉羊生产经济效益中处于核心和决定地位。为更好地推动肉羊养殖业良种化进程,这里将介绍我国主要肉用羊品种,并详细介绍这些品种的生产性能及其利用现状。

一、小尾寒羊

1. 产地

小尾寒羊是我国古老的地方优良品种之一,原产于鲁、豫、苏、皖四省交界的黄河中下游农区,中心产区在山东省的西南地区,其中以山东省西南部和河南省台前县的小尾寒羊品质最好。

2. 外貌特征

小尾寒羊(图 2-12、图 2-13)体质结实,结构匀称,体格高大,体躯呈圆筒形,被毛多为白色,被毛异质,有少量干死毛。头略长,鼻梁隆起,耳大下垂,少数个体头、四肢部有黑、褐色斑。公羊头大颈粗,有螺旋形大角,母羊头小颈长,多数有角。胸部宽深,鬐甲高,肋骨开张,背腰平直。腹部紧凑而不下垂;四肢高且粗壮,蹄质结实,脂尾呈圆扇形,尾长不超过飞节。

图 2-12 小尾寒羊公羊　　　　图 2-13 小尾寒羊母羊

3. 生产性能

小尾寒羊生长发育快,肉用性能好,早熟,多胎,繁殖率高。

周岁公羊平均体重 60.83kg,母羊 41.33kg;成年公羊体重 94.15kg,母羊 48.75kg;6 月龄公羔体重 38.17kg,母羔 37.75kg。成年公羊剪毛量 3.5kg,母羊 2kg,毛长 11～13cm,净毛率 63%。母羊 5～6 月龄开始发情,经产母羊产羔率达 270%,居我国绵羊品种之首,是世界上著名的高繁殖力绵羊品种之一。

4. 引种与利用

20 世纪 80 年代以来,小尾寒羊被推广至多地,用于肉羊品种培育。2000 年小尾寒羊被列入《国家级畜禽品种资源保护名录》，2006年被列入《国家级畜禽遗传资源保护名录》，2008年发布了《小尾寒羊》（GB/T 22909—2008）。

实践证明小尾寒羊既适合发展肥羔生产，又适合做经济杂交和育成杂交的母本。

二、湖羊

1. 产地

原产于浙江、江苏的太湖流域，以杭州、嘉兴、湖州、苏州等地较为集中。湖羊是我国特有的羔皮用绵羊品种，也是国内外唯一的白色羔皮用品种。

2. 外貌特征

湖羊（图2-14、图2-15）体格中等，体躯狭长，腹部微下垂，后躯较高。公羊前躯发达，胸宽深，母羊乳房较发达。头形狭长，鼻梁隆起，耳大下垂。公、母羊均无角，颈、躯干和四肢纤细，短脂尾，尾大呈扁圆形，尾尖上翘。全身白色，少数个体的眼圈及四肢有黑、褐色斑点。

图2-14　湖羊公羊　　　　图2-15　湖羊母羊

3. 生产性能

成年公羊体重40～50kg，剪毛量2kg；成年母羊体重35～45kg，剪毛量1.2kg。被毛异质，主要由有髓毛和绒毛组成，两型毛少。产肉性能中等，屠宰率为40%～50%。

湖羊性成熟早，在舍饲且营养供应充足时，公羊初情期为5～6月龄，7～8月龄达性成熟，母羊初情期为4～5月龄，6～7月龄性成熟。公羊初配年龄一般为10月龄，母羊初配年龄一般为7～8月龄。母羊四季发情，可以2年3产，每胎2羔以上，产羔率平均230%，公羊采精量一般为1.0～2.5mL。

羔羊生后1～2天内宰剥的羔皮称为小湖羊皮。小湖羊皮毛色洁白、光润，有丝一般的光泽，皮板轻柔，花纹呈波浪形，为我国传统出口商品。羔羊生后60天以内宰剥的皮称袍羔皮，也是上好的裘皮原料。

4. 引种与利用

湖羊是以高繁殖力著称的优良地方绵羊品种，又因其耐温热、适应规模化舍饲等诸多优点，现已成为很多地区发展规模化养羊的主推良种之一。湖羊已被广泛引入新疆、甘肃、宁夏、内蒙古、辽宁等地，在我国主要肉羊产区进行纯种繁育、杂交利用和多胎肉用品种选育。

三、夏洛来羊

1. 产地

原产于法国夏洛来地区，1974 年由法国农业部命名。

2. 外貌特征

夏洛来羊（图 2-16、图 2-17）属大型肉羊品种，躯干长，呈圆桶形，背腰平直，肌肉丰满，胸宽而深，肩宽而厚；公、母羊均无角，耳修长并向斜前方直立，头和面部无毛，带有红褐色或灰色斑点，有的带有黑色斑点。颈短粗，后躯发育良好，两后肢间距宽，呈倒挂 U 字形，四肢健壮，肢势端正，肉用体型好，被毛白色同质。

图 2-16　夏洛来公羊　　　　　　图 2-17　夏洛来母羊

3. 生产性能

夏洛来羊具有成熟早、繁殖力强、泌乳多、羔羊生长迅速、胴体品质好、瘦肉多、脂肪少、屠宰率高、适应性强等特点，是生产肥羔的理想肉羊品种。4 月龄羔羊胴体重达 20～22kg，屠宰率 55%以上。成年公羊体重 100～140kg，母羊 75～95kg，6 月龄公羔体重 48～53kg，母羔达 38～43kg。母羊 6～7 月龄可配种，公羊 9～12 月龄可采精。初产母羊产羔率为 135.3%，经产母羊为 182.4%。被毛平均长度 7.0cm，细度 50～58 支（25.5～29.5μm），产毛量 3.0～4.0kg。

4. 引种与利用

1987 年我国从法国首次引进 500 余只夏洛来羊，分别饲养在河北省沧县、定兴县、北京顺义及内蒙古。但是由于法国和我国北方地区气候差异大，以及我国肉羊生产经验不足等，引进的夏洛来羊均未度过风土驯化关，所剩无几。

辽宁省于 1995 年引进最后一批夏洛来羊，其认真总结了以前引种的经验教训，通过与国内外专家联合攻关，对种羊采取了营养调控、环境调控和疫病综合防治等一系列措施，最终获得了驯化的成功，于 2001 年 12 月正式通过省级鉴定。此外，辽宁省曾经组织过 8 个引进肉羊品种与小尾寒羊进行杂交试验，其中夏洛来羊杂交羊的生长速度、成年体尺、体重等综合生产性能位于众羊之首，是不可多得的优秀肉羊品种。现已推广到整个东北地区和华北多个省份。

四、无角道赛特羊

1. 产地

原产于澳大利亚和新西兰。

2. 外貌特征

无角道赛特羊（图 2-18、图 2-19）全身被毛白色、同质，公、母羊均无角，颈粗矮，胸宽深，背腰平直，体躯呈圆桶状，四肢粗壮，后躯丰满，肉用体型明显。

图 2-18　无角道赛特公羊　　　　图 2-19　无角道赛特母羊

3. 生产性能

成熟早，羔羊生长发育快，母羊产羔率高，母性强，能常年发情配种，适应性强。成年公羊体重 85～110kg，母羊 65～80kg。毛长 8.0～10.0cm，毛细度 50～56 支，剪毛量 2.3～2.7kg，净毛率 55%～60%。产肉性能高，胴体品质好。2 月龄公羔平均日增重 392g，母羔 340g，4 月龄羔羊胴体重可达 20～24kg，屠宰率在 50%以上。母羊产羔率为 110%～140%，高者可达 170%。

4. 引种与利用

我国内蒙古农牧业科学院、新疆畜牧科学院、中国农业科学院先后从澳大利亚引进无角道赛特羊。这些羊除进行纯种繁殖外，还用来与蒙古羊、哈萨克羊和小尾寒羊杂交，杂种后代产肉性能得到显著提高。

五、萨福克羊

1. 产地

原产于英国，属肉用短毛品种羊。

2. 外貌特征

萨福克羊（图 2-20、图 2-21）公、母羊均无角，体躯主要部位被毛白色，头、面部、耳和四肢下端为黑色，并无羊毛覆盖。头较长，耳大，颈短粗，胸宽深，背腰和臀部长、宽而平，肌肉丰满，后躯发育好，四肢粗壮结实。

图 2-20　萨福克公羊

图 2-21　萨福克母羊

3. 生产性能

萨福克羊早熟，生长发育快，产肉性能好。母羊母性强，繁殖力强。公羊体重 100～110kg，母羊 60～70kg。4 月龄公羔胴体重 24.2kg，母羔 19.7kg。羊毛长 7.0～8.0cm，细度 50～58 支，剪毛量 3.0～4.0kg。产羔率 130%～140%。英、美等国在生产肥羔中用萨福克羊作为杂交终端父本。

4. 引种与利用

我国新疆、内蒙古和中国农业科学院畜牧研究所自 20 世纪 70 年代起从澳大利亚引入萨福克羊，适应性良好。

六、杜泊羊

1. 产地

杜泊羊原产于南非共和国，是有角道赛特羊与波斯黑头羊杂交的绵羊品种，其后代继承了波斯黑头羊的强壮、高抗病力和有角道赛特羊的无脂尾胴体的特点。在干旱和半干旱的沙漠条件下，在非洲的各个国家甚至中非和东非的热带、亚热带地区都有很好的适应性。

2. 外貌特征

杜泊羊分白头和黑头两种（图 2-22、图 2-23），头上有短、暗、黑或白色的毛，体躯有短而稀的浅色毛（主要在前半部），腹部有明显的干死毛。公、母羊均无角，颈短粗，肩宽平，体长而圆，胸宽深，背腰宽平，后躯发育良好，四肢短粗，肢势端正，全身肌肉丰满，肉用体型好。

图 2-22　杜泊公羊

图 2-23　白头杜泊母羊

3. 生产性能

体质结实，适应炎热、干旱、潮湿、寒冷等多种气候条件。具有成熟早，羔羊生长迅速，胴体品质好，屠宰率高，母羊繁殖力强，泌乳多，适应性强等特点，是生产肥羔的理想肉羊品种。成年公羊体重 100～110kg，母羊体重 75～90kg。3.5～4 月龄羔羊体重达 36kg，胴体重 16kg 左右，肉中脂肪分布均匀。羔羊初生重达 5.5kg，日增重可达 300g 以上。母羊平均产羔率达 150%。

4. 引种与利用

杜泊羊已被引入加拿大、澳大利亚、美国等国家，用作生产肉用羔羊的杂交父本。我国山东、河南等地已引入该品种，除进行纯种繁殖外，还用来与当地羊杂交，杂种后代产肉性能显著提高。

七、澳洲白绵羊

1. 产地

澳洲白绵羊是一个中型偏大型专门化肉用的绵羊品种，是澳大利亚在 2009 年注册的，于 2011 年 3 月 15 日正式上市。

2. 外貌特征

澳洲白绵羊（图 2-24、图 2-25）被毛白色，允许有浅啡色块，眼睑、嘴、肛门、生殖器和蹄部有色素沉着。头部呈类三角形，颌部结实，脸颊大、平坦，咬肌强健，下巴深、宽，鼻骨略拱起；少许公羊有角。公羊颈部结构强健，颈根部宽，母羊颈部结构强健略显清秀。澳洲白绵羊胸宽而深，胸深至肘部水平，前胸稍凸而饱满。前腿垂直强壮，体躯宽深，肋骨开张良好、丰满。背腰平直而长，肌肉强壮，甚至略微圆拱。臀部宽、后躯深。

图 2-24　澳洲白公羊

图 2-25　澳洲白母羊

3. 生产性能

初产母羊产羔率 110% 左右，经产母羊 150% 以上。公、母羊初情期均在 7~9 月龄。母羊常年发情，春季 3~6 月和秋季 8~12 月发情较为集中。产肉性能：在放牧和管理条件良好的情况下，公羊 6 月龄可达 52.5kg，10 月龄可达 78kg。屠宰率可达 52.5%。

4. 引种与利用

自 2011 年，全国畜牧总站等联合承担"948"项目，将该品种引入国内，目前已在内蒙古、山东、河北、山西、辽宁等地推广应用。在湖羊、小尾寒羊等多胎品种的杂交组合中，用作终端父本，在其它单胎绵羊品种的杂交组合中，用做轮回杂交。

通过选育和工厂化胚胎移植等方式，至 2015 年 9 月底，已将澳洲白绵羊种群扩繁超过 4000 只，同时在内蒙古、甘肃等地与高寒地方绵羊品种开展规模杂交试验，共计 3 万余只。

八、波尔山羊

1. 产地

波尔山羊产于南非，是目前世界上公认的最受欢迎的肉用山羊品种之一，有"肉羊之父"的美称。

2. 外貌特征

波尔山羊（图 2-26、图 2-27）具有良好的肉用体型，体躯呈长方形，背腰宽厚而平直，皮肤松软，有较多的褶皱，肌肉丰满。被毛短密有光泽、白色，头颈为红褐色，从额中至鼻端有一条白色毛带。头粗壮，耳大下垂，前额隆起，公羊角较宽且向上向外弯曲，母羊角小而直。颈粗厚，四肢较短。

图 2-26　波尔山羊公羊　　　　图 2-27　波尔山羊母羊

3. 生产性能

波尔山羊初生重 3~4kg，公、母羔羊 3 月龄断奶分别重 21.9kg 和 20.5kg。羔羊生长速度快，6 月龄内日增重为 225~255g。成年公羊体重 90~100kg，成年母羊体重

65~75kg。肉用性能好，屠宰率50%~60%，肉质细嫩，肌肉横断面呈大理石花纹状。此外，其板皮面积大，质地致密，富有弹性。

该品种繁殖性能好，6月龄达到性成熟，秋季为性活动高峰期，春羔当年可配种，1年产2胎或2年产3胎。初产母羊产羔率150%，经产母羊产羔率220%。

4. 引种与利用

1995年，我国首次从德国引入波尔山羊，由于其独特的种质特性和肉用性能，我国20多个省、自治区、直辖市又先后分别从南非、澳大利亚和新西兰等地引进该品种。引进后各地广泛采用密集产羔、胚胎移植等繁殖新技术，使波尔山羊的数量迅速增加，同时在江苏、安徽、河南、陕西、贵州、湖北等地，用波尔山羊改良当地山羊，其效果十分显著。但由于波尔山羊毛短、毛稀，抗寒性能稍差，我国北方寒冷地区引种时，要慎重或要进行特殊饲养管理。

九、辽宁绒山羊

1. 产地

产于辽东半岛，主要分布于辽宁省盖州、岫岩、庄河、本溪、凤城、清源、新宾、宽甸及辽阳等地，是我国优良的地方绒山羊品种。2000年被农业部列入《国家级畜禽品种资源保护名录》。

2. 外貌特征

绒肉兼用型辽宁绒山羊（图2-28、图2-29）体格大，毛色纯正，结构匀称。公、母羊均有角，颌下有髯，颈宽厚，背腰平直，后躯发育良好，四肢较高而粗壮。被毛白色，具有丝光光泽；外层为有髓毛，无弯曲，毛长；内层由纤细柔软的绒毛组成。

图2-28 绒肉兼用型辽宁绒山羊公羊

图2-29 绒肉兼用型辽宁绒山羊母羊

3. 生产性能

目前绒肉兼用型辽宁绒山羊核心群种羊4530只，其中公羊480只，母羊4050只。成年公羊平均体重89.0kg、产绒量1507.4g、屠宰率53.6%；成年母羊平均体重达到57.6kg、产绒量986.6g、屠宰率45.9%。经试验研究测定，辽宁绒山羊羯羊的屠宰率为45.23%，净肉率为34.91%。羊肉中共轭亚油酸（CLA）$c9t11$-CLA和$t10c12$-CLA含量分别为0.19~0.51毫克/克和0.05~0.08毫克/克，油酸含量占脂肪酸总量的55.51%。

4. 引种与利用

绒肉兼用型辽宁绒山羊不仅产绒量高、绒毛品质好，而且肉用性能好，遗传稳定。辽宁绒山羊自20世纪90年代起，先后被引入山西、陕西、甘肃等省，作为杂交父本改良当地绒山羊效果显著，其中陕北白绒山羊在品种培育过程中，辽宁绒山羊是重要父本。

第四节 肉羊品种的选择与利用

发展肉羊产业需要有优良的肉羊品种，引种是为了引进优良基因，改良和提高原有品种的生产性能或改变原有品种的生产方向，使其创造更高的经济价值。

优良肉羊品种的主要种质特性包括繁殖率高、体重大、体躯宽厚、四肢粗壮、早期生长速度快、屠宰率和净肉率高，以及羊肉品质好等。

引种应根据不同地区的自然条件，本地品种特点、分布和生产方向，引进适宜的品种。同时要根据肉羊产业的发展现状和今后市场变化趋势认真研究，以免带来不必要的经济损失。

目前引进的肉羊品种在利用上均作为父本与本地母羊杂交，组成不同品种间的杂交组合，筛选出最优组合，利用杂交优势提高肉羊生产效率。

一、供种单位的选择

引进种羊时要对供种单位进行认真选择。引入国内品种时，一般应选择该品种主产地区的种羊场；引入国外品种时，可到该品种原产地有资质的种羊场直接引种，或者通过国内相关部门及育种场间接引种。引种时要本着"耳听为虚，眼见为实"的原则，对供种单位必须进行详细的考察，不能贪图便宜而导致品种质量无法保证。

引种前首先要了解种羊场是否有营业执照，是否有畜牧部门签发的《种畜禽生产许可证》和《动物防疫条件合格证》，然后了解种羊场的发展历史、种羊生产情况、推广销售情况、疫病状况，种羊、幼龄羊、肉羊价格、售后服务等情况。经过认真考察，选择有实力、信誉好、质量佳、管理严格、售后服务完善的大型种羊场引入种羊。

二、引种方式

1. 活体引进

活体引进即直接购进种羊，这是最常用的引种方式。这种方式对引进种羊有比较直观的了解，可直接使用，但引种运输中的管理较为麻烦，风险较大，投资也较大。

2. 引进冷冻精液

引进优良公羊的冷冻精液，然后进行人工授精。这种引种方式仅需液氮罐，运输轻便安全、投资不大、易于推广。现阶段我国已普遍采用这种引种方式，但要严格要求冷冻精液的质量。

3. 引进冷冻胚胎

引进良种肉羊的冷冻胚胎，然后进行胚胎移植，生产优良个体。这种方式不需引进种母羊就可以生产纯种肉羊，且运输方便，但对技术要求较高，在一般养殖场中推广有一定难度。

三、引种前的准备

1. 品种定位

在引进良种肉羊时，首先要明确引入什么品种和引入种羊的数量。对当地饲草饲料资源、地理位置等因素加以分析，认真对比供种地区与引入地区的生态环境条件的异同，有针对性地考察品种的特性及对当地的适应性，进而确定引入品种。再根据当地或国内外肉羊产业的发展现状和今后市场预期认真研究，以免带来不必要的经济损失。

2. 圈舍及草料的准备

引种前要修缮羊舍，备足草料，配备饲喂、饮水、粪便清理等必要的设施。在种羊到场1周前对隔离羊舍进行全面彻底的消毒。新建羊场引种前要建好圈舍，保证羊群晴避暴晒，阴避雨雪，冬避风寒，夏避酷暑。

草料是养殖的基础，有了充足的草料，养羊就成功了一半。精料一般市场供应充足，来源容易。粗饲料、农作物秸秆、农副产品等必须在引种前有必要的储备。

3. 引种时间

在调运时间上，首先应考虑两地之间的季节差异。如由温暖地区向寒冷地区引种，应选择在夏季；由寒冷地区向温暖地区引种应以冬季为宜。其次在启运时间上要根据季节而定，尽量减少途中不利的气候因素对羊造成影响。如夏季运输应选择在夜间行驶，防止日晒；冬季运输应选择在白天行驶。

对于引种季节，气候较适宜的季节是春、秋季，最好不在夏季引种，7～8月份天气炎热、多雨，不利于远距离运输。如果引种距离较近，不超过1天的时间，可不考虑引种的季节，一年四季均可进行。

4. 技术准备

随着养羊业的不断发展，羊场规模的扩大，技术缺乏成为发展养羊业的难题。特别是在养羊数量较少的地区，由于引种不当，饲养技术落后，导致其在引种过程中遭受了损失。因此，引种前应进行必要的技术咨询、培训，才能保证羊群引得来、养得活、长得快、效益高。

对于较大规模的引种企业，还应做好饲养人员的招聘、培训、管理工作、配备财务、兽医人员，做好人员分工，并建立各项规章制度，做到有章可循，有条不紊，忙而不乱。

四、种羊选择

种羊选择首先要查阅系谱，然后根据体形外貌来选择种羊，种羊应健康无病，个体外形特征要符合品种要求。

1. 看外形

种羊的毛色、头型、角和体型等要符合品种标准。选的种羊要体质结实，体况良好，前胸要宽深，四肢粗壮，肌肉组织发达。公羊要头大雄壮、眼大有神、睾丸发育匀称、性欲旺盛，特别要注意是否为单睾或隐睾；母羊要腰长腿高、乳房发育良好。胸部狭窄、尻部倾斜、垂腹凹背、前、后肢呈 X 状等的公、母羊不宜作种用。

2. 看年龄

主要查售羊单位的相关育种记录，若无记录可查时，可通过牙齿的发生、变换、磨损和脱落等状况进行初步判断。

3. 看健康

健康羊活泼好动，两眼明亮有神，毛有光泽，食欲旺盛，呼吸、体温正常，四肢强壮有力；病羊则毛散乱、粗糙无光泽，眼大无神、呆立，食欲不振，呼吸急促，体温升高，或者体表和四肢有病变等。

4. 看系谱

一般种羊场都有系谱档案，出场种羊应随带系谱卡，以便掌握种羊的血缘关系及父母、祖父母的生产性能，据此可以估测种羊本身的性能。引入种羊个体间一般不应有亲缘关系，公羊最好来自不同家系，这样可使引入种群的遗传基础广，有利于今后选育。

5. 看检疫证

从外地引种时，应向引种单位索取检疫证，一是可以了解疫病发生情况，以免引入病羊；二是运输途中遇检查时，手续完备才可通行。国内的检疫项目一般有临床检查和传染病检查，包括布氏杆菌病、蓝舌病、口蹄疫等。种羊必须经检疫后才准运输。

6. 其它注意事项

（1）不宜到集市上选购种羊。一方面不易选购到合格种羊，另一方面，有些不法羊贩及羊主为牟取私利，在上市交易前给羊只饲喂浓盐水或含盐物，羊只大量饮水后体重增加，致使一些种羊引进后突然死亡，造成经济损失。

（2）可适当引进些更容易适应异地自然环境条件的幼龄羊。幼年个体对新环境的可塑性好，适应能力强，引种成功率高。

五、运输

1. 专车运输

种羊运输前 24h，应对运输车辆和用具进行 2 次以上的严格消毒，最好能空置 1 天后再装羊。在装羊前用刺激性较小的消毒剂彻底消毒 1 次。大批量运输时最好准备一辆备用车，以免因运羊车出现故障，停留时间太长而造成不必要的损失。

羊属于中小型动物，一般以汽车运输为主，要掌握"先慢后快常停车"的原则。运应将种羊按性别、大小、强弱进行分群装车，不能太拥挤，车厢最好能分成小格，一般每 10 平方米设一个隔栏，每格以容纳 15~20 只羊为宜，车厢内应铺设垫草。

2. 减少应激

在运输过程中应减少种羊应激和肢蹄损伤，避免在运输途中死亡和感染疫病。要求供种场提前 2h 对准备运输的种羊停止投喂饲料。上车时不能装得太急，注意保护种羊的肢蹄，装羊结束后应固定好车门。长途运输的种羊，应口服维生素 C 或电解多维等抗应激药物，以防过度疲劳；对表现特别兴奋的种羊，可注射适量氯丙嗪等镇静针剂。

3. 保暖和防暑

冬季要注意保暖，夏季要重视防暑。夏季应避开炎热时间装运种羊，可在早晨和傍晚装运，途中应注意供给饮水，防止种羊中暑。运羊车辆应备有帆布或遮阳网，若遇到烈日或下雨时，应将帆布或遮阳网遮于车顶上，防止烈日直射和雨淋，车厢两边的帆布或遮阳网应挂起，以便通风散热。冬季应注意车厢的保暖。

4. 器械准备

要备好水桶、兽用药械（如注射器等）、应急抢救药物（如镇静、消毒、强心等药物）、手电筒等。

5. 备足草料

要根据羊只运输数量、行程距离来备足运输途中种羊所需的草料。

6. 观察羊群

运输途中要适时停歇，检查有无异常，对趴下、跌倒的羊只要及时拉起、保护，否则就会因被踩踏、挤压而窒息死亡，特别是上下坡时更要留意经常检查。如种羊出现呼吸急促、体温升高等异常情况，应及时采取有效的措施，可注射抗生素和镇痛退热针剂，必要时可采用耳尖放血疗法。

六、种羊引入后的过渡管理

引种后要严格执行检疫隔离制度，确保安全后方可正常入群饲养。一般境外引种须在隔离场隔离观察 60 天，境内引种须隔离观察 30 天。

1. 饲喂过渡

种羊到场后，第一天停料，补充饮水、喂给青绿饲草，在饮水中加入适量食盐。第二天开始喂料，饲料最好与引种场一致，以后逐步过渡到引入地饲料。

2. 预防性投药

进场一周内可视情况进行预防性给药，预防腹泻、肺炎等疾病。

3. 免疫

进场 1~2 周后，根据供种方提供的免疫记录、病原检测结果、隔离观察等情况，对引进羊进行及时免疫，免疫应与预防性投药错开。

4. 驱虫

根据在隔离期检测和观察情况，引入种羊进场 3 周内投喂一次驱虫药，驱除体内、外寄生虫。

七、经济杂交

经济杂交所产生的杂交后代在生活力、抗病力、繁殖力、育肥性能、胴体品质等方面均比亲本有显著提高，因而成为当今肉羊生产中普遍采用的一项实用技术。

在西欧、大洋洲、美洲等肉羊生产发达地区，用经济杂交生产肥羔肉的比率已高达 75% 以上。利用杂种优势的表现规律和品种间的互补效应，一方面可以改进繁殖力、成活率和总生产力，进行更经济、更有效的生产；另一方面可通过选择来提高断奶后的生长速度和产肉性状。

1. 常用的杂交方式

（1）二元杂交　包括两个品种简单杂交和两个品种的轮回杂交。其中简单杂交后代全部用于育肥生产，而轮回杂交后代的优秀母羔用于下轮杂交繁殖，其余母羔和全部公羔直接用于育肥生产。

（2）三元杂交　是先用两个种群杂交，所生杂种母羊再与第三个种群杂交，所生二代杂种用作商品羊。三元杂交集合了三个种群的优点，充分利用了二元杂种母羊在繁殖性能方面的优势。

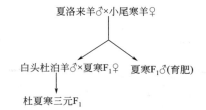

2. 国内常见的肉羊经济杂交模式

（1）杜×蒙和澳×杜×蒙模式　适应于内蒙古西北、中东部，以及甘肃、宁夏、陕西北部等地区。该模式具有肉质好、出栏快、产肉多等特点，可选育成专门生产优质肥羔的杂交配套系。

（2）杜×寒、澳×杜×寒和澳×杜×湖模式　适应于山东、河南、河北、辽宁、山西、江苏和安徽等肉羊优势区域。以上模式具有繁殖效率高、出栏快、产肉多等特点，可向生产优质肥羔的杂交配套系方向选育。

（3）南×细和德×细模式　适应于新疆、甘肃、内蒙古、辽宁、吉林、黑龙江等毛羊生产区。该模式具有肉毛兼用、繁殖力高、综合效益好等特点。

（4）萨×寒和萨×湖模式　适应于陕西、甘肃、宁夏、山西、河北、辽宁、吉林、黑龙江等地，该模式具有繁殖效率高、生长快、屠宰率高等特点。

第三章 饲养管理实用技术

第一节 肉牛饲养管理实用技术

一、妊娠母牛饲养管理技术

肉用母牛的妊娠期一般为270~290天,平均为280天,妊娠期分为妊娠前期、妊娠中期和妊娠后期。妊娠期母牛饲养要以促进胎儿的发育、降低死胎率、提高产犊率为目的。

妊娠期母牛饲养要点是保证营养需要,防流保胎以及产后体况恢复。如孕期营养不足或者不平衡,容易引起母牛产后体况差、泌乳量不足,导致犊牛发育不好、前两个月增重速度受影响,甚至影响母牛的下一次繁殖。

1. 妊娠母牛的饲养

(1) 妊娠前期饲养 妊娠前期是指母牛妊娠0~3个月,这个时期胚胎生长发育缓慢,主要以母体生长为主。此时母牛营养需要量不大,不必额外增加营养,保证中上等膘情即可,不可过肥。日粮以优质青粗饲料为主,适当搭配精料,要保证维生素及微量元素的供给,一般在饲槽附近悬挂舔砖即可。全期都要保证饮水充足、清洁、适温,饮水温度不低于10℃。

(2) 妊娠中期饲养 妊娠中期是指母牛妊娠第4~6个月,这一时期胎儿增重加快,此阶段重点是保证胎儿发育所需要的营养。可适当补充营养,但要防止母牛过肥。日粮中应适量增加精料比例,多给蛋白质含量高的饲料。可每天补喂1~2kg精料。

(3) 妊娠后期饲养 妊娠后期是指母牛妊娠7个月至分娩这段时间,此阶段胎儿生长发育快、营养需要大,是胎儿的大脑、骨骼和神经系统发育较快的时期。妊娠后期生长占整个发育期的70%左右,营养的补充以精饲料为主,每天补充精料2~3kg,同时注意补充维生素A、钙、磷和微量元素;粗饲料以优质青贮、青干草为主,日粮粗饲料占70%~75%,精料占25%~30%。

（4）放牧牛的饲养 青草季节应尽量延长妊娠母牛放牧时间（图3-1）。妊娠前期和中期一般可不补饲。枯草季节，根据牧草质量和母牛的营养需要确定补饲的种类和数量。妊娠后期，应重点进行维生素A的补饲，否则会引起犊牛发育不良，体质衰弱，母牛产奶量不足。在冬季，每头牛每天可补饲0.5～1.0kg的胡萝卜、2～3kg精料。

图3-1　放牧饲养

2. 妊娠母牛的管理

① 患有习惯性流产的母牛，可服用安胎中药或注射黄体酮等药物。

② 从妊娠第5～6个月开始到分娩前1个月为止，每日用温水清洗并按摩乳房1次，每次3～5分钟，以促进乳腺发育，为以后哺乳打下良好基础。

③ 妊娠后期分群饲养，适当运动，防止驱赶、跑、跳、相互顶撞等。临产母牛应停止放牧，给予优质易于消化的饲料。

④ 保持牛体和圈舍环境干燥、清洁，圈舍定期消毒，注意防暑降温和防寒保暖。

⑤ 计算好预产期，产前两周转入产房。产房要求清洁、干燥、环境安静，并在母牛进入产房前使用消毒液进行彻底消毒，地面铺以清洁干燥、卫生（日光晒过）的柔软垫草。

二、哺乳母牛饲养管理技术

1. 母牛产后护理

母牛分娩过程体能消耗很大，分娩后应及时补充水分和营养。正常分娩的母牛经适当休息后，应立即使其站立行走，并饲喂或灌服10～15L温热的麸皮盐水（温水10～15L、麸皮1kg、食盐50g）或益母生化散500g加温水10L。

分娩后，观察母牛是否有异常出血，如发现持续、大量出血，应及时检查出血原因，并进行治疗。

分娩后12h，检查胎衣排出情况，如果12h内胎衣未完全排出，应按照胎衣不下进行处理。

分娩后7～10天，观察母牛恶露排出情况，如果发现恶露颜色、气味异常，应按照子宫感染及时进行治疗。

2. 产后母牛饲养管理

哺乳期是母牛哺育犊牛、恢复体况、发情配种的重要时期，不但要满足犊牛生长发育所需的营养，而且要保证母牛中上等膘情，以利于发情配种。此期应根据母牛产乳量变化和体况恢复情况，及时调整日粮饲喂量。根据泌乳规律，可分为泌乳初期、盛期、中期和后期。

（1）泌乳初期 指母牛产后 15 天内的时期，是母牛的身体恢复期。分娩后最初几天，身体虚弱，消化机能差，要限制精饲料及根茎类饲料的喂量。分娩后 2～3 天，日粮以优质干草和青贮饲料为主，补充少量以麦麸为主的精料，精饲料蛋白质的含量要达到 12%～14%，每日饲喂精饲料 1.5kg、青贮 4～5kg、优质干草 2kg。4 天后喂给适量的精料和多汁饲料，随后每天适当增加精料，1 周后增至正常饲喂量。注意观察母牛采食量，并依据采食量变化调整日粮饲喂量。

（2）泌乳盛期 指母牛产后 16～60 天的时期，是母牛产奶量最多的阶段。此时母牛身体逐渐恢复，泌乳量快速上升，此阶段要增加日粮饲喂量，并补充矿物质、微量元素和维生素。每天饲喂精饲料 3.0～3.5kg、全株玉米青贮 10～12kg、优质干草 1～2kg。日粮干物质采食量 9～10kg，粗蛋白含量 10%～12%，日粮精粗比 50∶50 左右。

（3）泌乳中期 是指母牛产后 60～90 天的时期。此期母牛泌乳量开始下降，采食量达到高峰，应增加粗饲料喂量，减少精饲料喂量，每天饲喂精饲料 2.5kg 左右，日粮精粗比例控制在 40∶60 左右。

（4）泌乳后期 是指母牛产后 3 个月至犊牛断奶的时期，这个阶段应多供给优质粗饲料，适当补充精料，为了保证母牛有中上等膘情，每天精饲料喂量应不少于 2kg。如果苜蓿干草或青绿饲料充足，可适当减少精饲料喂量。日粮精粗比例控制在 30∶70 左右。

（5）断奶后的饲养管理 断奶后母牛产奶量迅速下降，应根据体况和粗饲料供应情况确定精料喂量，每天饲喂混合精料 1～2kg，并补充矿物质及维生素添加剂，多供应青绿多汁饲料。

3. 母牛早期配种

（1）发情观察 营养良好的母牛一般在产后 40 天左右首次发情，产后 90 天内发情 2～3 次。应尽量使母牛适量运动，便于观察发情。如果母牛舍饲拴系饲养，应注意观察母牛的异常行为，如吼叫、兴奋、采食不规律和尾根有黏液等。

（2）诱导发情 母牛分娩 40～50 天后，进行生殖系统检查。对子宫、卵巢正常的牛，肌内注射复合维生素（维生素 A、维生素 D、维生素 E），使用促性腺激素释放激素和氯前列烯醇，进行人工诱导发情。发情后用人工授精技术，早晚两次输精进行配种。

三、新生犊牛护理技术

1. 清除黏液

犊牛自母体产出后，助产人员应立即清除口腔及鼻孔内的黏液，最好由母牛舔干犊牛（图 3-2），以加强母仔亲和力，有利于自然哺乳。若个别母牛不舔舐，可在犊牛身体上撒麸皮加以诱导。

2. 断脐

在距离犊牛腹部 8～10cm 处，两手卡紧脐带，反复揉搓 2～3 分钟，然后在揉搓处的远端用消毒过的剪刀将脐带剪断,挤出脐带中的黏液,并将脐带的断端放入5%的碘酊中浸泡1~2分钟。切忌将药液灌入脐带内。断脐一般不需要结扎,以自然脱落为好。

3. 哺喂初乳

犊牛出生后 0.5~2h 内应尽快让其吃到初乳,出生后 30 分钟犊牛站起,引导犊牛接近母牛乳房吮吸

图 3-2　母牛舔舐犊牛

乳头刺激排乳反射。对个别体弱的可人工辅助哺乳,挤几滴母乳于洁净手指上,让犊牛吸吮其手指,而后引导犊牛到母牛乳头处助其吮奶。犊牛应保证吃足 3 天的初乳。

4. 代乳

若母牛产后无乳、生病或死亡,可由同期分娩的其它健康母牛代哺初乳(即保姆牛),也可喂给牛群中的常乳,并每天补饲 20mL 鱼肝油和 50mL 的植物油。

保姆牛应选择产奶量较高、哺乳性能好、健康无病的母牛。当由一头保姆牛同时给 2 头犊牛代乳时,要控制喂奶时母犊在一起的时间,平时分开,轮流哺乳。

5. 犊牛危急情况处理

若犊牛产出时,因吸入黏液而造成呼吸困难,应握住两后肢,倒提犊牛,拍打其背部,使黏液排出。

若犊牛产出时已无呼吸,但尚有心跳,可在消除其口腔及鼻孔黏液后,将犊牛在地面摆成仰卧姿势,头侧转,按每 6~8s 一次,按压与放松犊牛胸部,并进行人工呼吸,直至犊牛恢复自主呼吸为止。

四、哺乳犊牛饲养管理

1. 犊牛哺乳

图 3-3　犊牛随母哺乳

(1)随母哺喂法(图 3-3)　在犊牛能够自行站立时,注意观察犊牛吸乳时的表现,若犊牛频繁地顶撞母牛乳房,而吞咽次数不多,说明母牛奶量少或者排乳反射差,犊牛不够吃,应加大母牛精料饲喂量,同时补充钙。

当犊牛吸吮一段时间后,口角已出现白色泡沫时,说明犊牛已经吃饱,应将犊牛拉开,否则容易造成犊牛哺乳过量而引起消化不良。

(2)人工哺乳法　对泌乳少或没有母乳的母牛,应人工哺乳。国际上一些先进的肉牛繁殖场采取 90 日龄分期人工哺乳育犊方案,即哺乳天数 90 天,总喂乳量为 510kg 全乳,见表 3-1。

表 3-1　人工哺乳阶段日喂量

日龄/d	1～10	11～20	21～40	41～50	51～60	61～80	81～90
日喂量/kg	5	7	8	7	5	4	3

2. 犊牛补饲

肉用母牛的产奶量较低，肉用犊牛早期生长快，仅靠母牛的奶喂养犊牛，不能满足其快速发育的需要，因此，在犊牛哺乳早期就应进行补饲。

（1）补饲干草　从 1 周龄开始，在牛栏的草架内添入羊草、苜蓿草等优质干草，训练犊牛自由采食，以促进瘤胃、网胃发育，防止犊牛舔舐异物。

（2）补饲精料　出生后 10～15 天，开始训练犊牛采食精料。由于肉用母牛和犊牛一起生活，所以应采取低栏补饲方式，即在牛舍或牛圈内设一个犊牛能够自由进出而母牛不能进入的坚固围栏，内设饲槽，并每日放置补饲的饲料。围栏的大小视犊牛的头数而定，进口宽 40～50cm、高 90～100cm。

开始时日喂干粉料 10～20g，到 1 月龄时，每天可饲喂 150～300g，2 月龄时每天可采食到 500～700g，3 月龄时可采食到 750～1000g。不同阶段犊牛料配方见表 3-2。

表 3-2　不同阶段犊牛料配方　　　　　　　　　　　　　　单位：%

日龄	玉米	麸皮	豆粕	杂粕	乳清粉	奶粉	过瘤胃脂肪	磷酸氢钙	石粉	食盐	多维微量元素预混料
15～30 天	35	10	25	0	10	8	5	3	2	1	1
31 天至断奶	40	15	26	0	5	5	2	3	2	1	1
断奶后	45	20	15	13	0	0	0	3	2	1	1

（3）补饲青绿多汁饲料　20 日龄时开始饲喂青绿多汁饲料，以促进消化器官的发育。在混合精料中，加入切碎的胡萝卜或甜菜、幼嫩青草等。最初每天喂 20～25g，到 2 月龄时可增加到 1～1.5kg，3 月龄为 2～3kg。

（4）补饲青贮饲料　犊牛 3～4 月龄开始可以少量饲喂青贮饲料，4 月龄以后逐渐增加到每天 4～5kg，在此阶段要先以优质羊草为主，之后逐渐以全株玉米青贮等量替代，最后过渡到青贮饲料正常喂量。应保证青贮料品质优良，禁止用酸败、变质及冰冻青贮料饲喂犊牛。

3. 犊牛断奶

母牛断奶前 1 周开始，减少日粮中精料及多汁料的含量，最后停喂精料，只给优质粗料，使其减少泌乳至干乳。

犊牛 4～6 月龄时，体重超过 100kg，可采用逐步断奶法断奶。将母牛与犊牛分开，犊牛移入犊牛舍，最初隔 1 天吃 1 次母乳，而后隔 2 天吃 1 次，到 10 天左右完全离乳。

刚断奶的犊牛应细心喂养，断奶后 14 天内的日粮应与断奶前相似。日粮中精料占 60%，粗蛋白不低于 12%。

4. 犊牛管理

(1) 保温、防寒和防暑降温　北方冬季严寒风大，犊牛舍要保暖，防止贼风侵入；犊牛栏内要铺柔软、干净的垫草，保持舍温在0℃以上。

夏季温度、湿度均较高，舍内垫料易滋生蚊蝇，因此要有降温措施，并勤换垫料。

(2) 去角　去角有电烙法和氢氧化钠（苛性钠）法两种。电烙法是在犊牛30日龄左右，先将犊牛去角器（图3-4）加热至一定温度，然后保定犊牛，把电烙铁牢牢地压在角基部，直到角基周围皮肤成古铜色，提起电烙铁，冷却2分钟后再涂以青霉素或硼酸粉。

氢氧化钠法是在犊牛10日龄前进行，在角基周围涂以凡士林，然后用去角膏（主要成分为氢氧化钠）（图3-5）在角基上摩擦（图3-6），直到表皮脱落，角基原点破坏，表皮有微量血液渗出为止（图3-7）。伤口未变干前禁止犊牛吃奶，防止腐蚀母牛乳房皮肤。

图3-4　犊牛去角器

图3-5　犊牛去角膏

图3-6　涂去角膏

图3-7　涂完去角膏

(3) 单栏饲养　犊牛出生后即在靠近产房的单栏中饲养，每犊一栏，隔离管理，1月龄后过渡到群栏，同一群栏内犊牛的月龄应相近。

(4) 适当运动　犊牛出生后几小时即可站立，1～2天后即能跟随母牛在牛舍内自由走动。在舍饲条件下犊牛从7日龄开始，应赶到太阳下进行日光浴和自由运动，运动时间的长短及运动量，可根据环境温度掌握。恶劣天气减少犊牛户外活动，好天气多让犊牛进行户外活动。

(5) 精细管理　每天刷拭犊牛的身体，观察其食欲、精神、粪便是否正常。犊牛最易发生的疾病是腹泻和肺炎,可给犊牛添加1%的食母生,以促进其消化。

五、断奶犊牛育肥技术

生产中为了利用肉牛早期生长快、饲料报酬高的优势,在犊牛4~6月断奶后,直接转入肥育阶段,给予高营养水平日粮,在14~18月龄时,牛的体重达到800~900kg时出栏。

1. 育肥犊牛选择

选择经改良的杂交肉牛品种,如利木赞牛、西门塔尔牛、夏洛来牛与本地黄牛杂交的品种(图3-8)。

对于育肥场而言,外购断奶犊牛育肥时,体型外貌上要选择身体健康、被毛光亮、呼吸正常、精神状态良好、反应敏捷、粪尿正常的犊牛。购买时应咨询犊牛的初生重和断奶重,一般初生重和断奶重较大的公犊牛育肥潜力大。在体型方面,选择体型为长方砖形、头大、管围粗、前躯宽深、背腰平直、皮肤松弛的犊牛,后期育肥潜力更大。

2. 犊牛隔离

刚购回的犊牛要隔离观察15天,观察其精神状态、采食及粪尿情况。如果发现异常,及时诊治和处理。隔离观察健康无病的牛,免疫牛口蹄疫14天后无异常方可混群。

3. 分栏饲养

按照牛的品种、年龄、性别、体重分群,一般10~15头牛为一栏(图3-9)。

图3-8 常用品种杂交肉牛

图3-9 分栏

4. 驱虫保健

分群后第5天可投喂驱虫药,驱除体内外寄生虫。常用阿维菌素或伊维菌素肌内注射(图3-10),7天后重复1次;对于外购来的随母牛放牧饲养的犊牛,也可以用辛硫磷体表药浴驱除体外寄生虫。为保证驱虫效果,以后每隔3个月驱虫1次。驱虫3天后,口服健胃散,每头牛400g左右。

5. 育肥期饲养

犊牛舍饲强度育肥分为适应期、增肉期（包括育肥前期和育肥后期）和催肥期。

（1）适应期 犊牛开始育肥后 1 个月左右的时间为适应期。此期要自由活动，充分饮水，少量饲喂优质青草或干草，以适应新的环境。在适应期，日粮粗饲料与精饲料的比例为 60∶40，粗蛋白含量为 12%左右。

图 3-10　驱虫

开始每头犊牛饲喂麦麸或大豆皮 0.5kg，促进瘤胃体积快速增大，以后逐步增加喂量到 1～1.5kg。当犊牛采食量达到 1～2kg 时，逐步换成育肥料，配方见表 3-3。

表 3-3　不同时期日粮配方

时期		饲料种类						
		酒糟/kg	干草/kg	麦麸/kg	玉米粗粉/kg	饼类/kg	尿素/kg	食盐/g
适应期		5～10	15～20	1～1.5	—	—	—	30～35
增肉期	育肥前期	10～20	5～10	0.5～1.0	0.5～1.0	0.5～1.0	50～70	40～50
	育肥后期	20～25	2.5～5.0	0.5～1.0	2.0～3.0	1.0～1.3	—	50～60
催肥期		20～30	1.5～2.0	1.0～1.5	3.0～3.5	1.25～1.5	150～170	70～80

（2）增肉期 此阶段育肥牛处于 6～13 月龄，持续时间 7～8 个月，分为前、后两个时期。增肉期是育肥牛肌肉生长关键期，要求日粮粗蛋白含量为 11%以上，精粗比例为 50∶50，粗饲料以优质羊草+苜蓿干草+全株青贮玉米为主，可适当掺加玉米秸秆或者稻草等其它粗饲料。

（3）催肥期 此阶段是通过高能量日粮促进脂肪沉积，一般持续时间为 2 个月。催肥期的日粮粗精比例为 40∶60，粗蛋白含量为 10%左右。

6. 育肥期管理

（1）运动 拴系式舍饲育肥（图 3-11），牛绳子一般长 80～100cm，适当活动能增强牛的体质，提高其消化吸收能力，使其有旺盛的食欲。散栏式舍饲育肥（图 3-12），可保证白天自由活动。

（2）刷拭 上午、下午对牛体各刷拭 1 次，可促进血液循环，增加采食量、减少体外寄生虫病的发生。刷拭要使用专用刷子，先从头到尾，再从尾到头，反复刷拭。（图 3-13、图 3-14）

图 3-11　拴系式舍饲育肥　　　　图 3-12　散栏式舍饲育肥

图 3-13　电动牛体刷　　　　图 3-14　手动刷

六、架子牛育肥技术

架子牛（图 3-15）通常是指未经育肥或不够屠宰体况的牛。架子牛育肥是目前我国肉牛育肥的主要方式。

1. 品种年龄

一般选择夏洛来、西门塔尔等优良肉用品种与本地黄牛的杂交后代。对地方优良品种黄牛，如晋南牛、鲁西黄牛、秦川牛、南阳牛、延边牛等的架子牛，也可以应用架子牛育肥技术。

一般选择年龄在 1~1.5 岁的架子牛。

2. 体况

架子牛体型大、皮松软（图 3-16）、膘情较好，健康无病，体重在 300kg 以上。

图 3-15　架子牛　　　　图 3-16　皮松

3. 育肥管理

（1）圈舍消毒 进牛前7天，应将育肥圈舍打扫干净（图3-17），用水冲刷后，再用2%的氢氧化钠溶液对圈舍地面、墙壁进行喷洒消毒，用0.1%的高锰酸钾溶液对器具进行消毒，最后再用清水清洗1次。

（2）分群 根据牛群情况按体重、性别分群，分群的数量和占地面积一般按每头牛占地4～5平方米为宜。

（3）饮水 架子牛经运输到达育肥场后要及时补水（图3-18）。第一次饮水量控制在15～20L，水中添加食盐，每头添加100g，切忌暴饮。经过3～4h调整休息后可进行第二次饮水，水中掺些麦麸，任其自由饮水。

图3-17　育肥圈舍清扫

图3-18　及时补水

（4）驱虫与健胃 驱虫应在空腹时进行，以利于药物吸收。先用伊维菌素注射一次，间隔3～5天后用左旋咪唑+丙硫咪唑（左旋咪唑+阿苯哒唑、丙硫咪唑+阿苯哒唑）拌料，驱一次体内寄生虫，间隔3～5天后再复驱一次。如有血虫病，必要时可再注射三氮脒。驱虫后，应隔离饲养2周，并对其粪便消毒、无害化处理。

驱虫3天后，为增加牛的食欲、改善消化功能，应进行1次健胃。常用的药物是人工盐，口服剂量为每头每日100～150g。

（5）开食与饲喂 第一次饲喂不能过多，以后逐渐增加饲喂量，开始以每头牛饲喂饲草料4～5kg为宜，4～5天后自由采食。刚入舍的牛第1周应以干草为主，适当搭配青贮饲料，少给或不给精饲料。

育肥前期每日饲喂2次，饮水3次；育肥后期每日饲喂3～4次，饮水4次。

（6）刷拭 每天上午、下午各刷拭1次，每次5～10分钟。

七、淘汰牛育肥技术

成年淘汰牛多数来源于有繁殖障碍、屡配不孕或者习惯性流产的成年母牛。这类淘汰牛一般年龄较大、产肉率低、肉质差。对淘汰牛多采取舍饲短期育肥，这样可增加肌肉脂肪量、改善肉品质，育肥时间一般为3～4个月。

1. 健康检查

育肥前对牛进行全面检查，将患消化道疾病、传染病及采食困难的个体剔除。

2. 驱虫健胃

对所有拟育肥的淘汰牛进行驱虫，先注射伊维菌素一次，间隔 3～5 天后用左旋咪唑+丙硫咪唑拌料饲喂，驱一次体内寄生虫，间隔 3～5 天再重复一次上述过程。

驱虫后的淘汰牛要投喂健胃散，以增进食欲，促进消化。

3. 育肥饲养

淘汰的成年牛育肥期限以 60～90 天为宜，通过舍饲强度育肥快速达到出栏体重，上市屠宰。

（1）育肥日粮 淘汰成年牛育肥的主要目的是增加体内脂肪，因此日粮要以能量饲料为主，其它营养物质只需满足基本需要即可。一般日粮精料配方为玉米 71%，饼粕类 14%，糠麸 7%，矿物质 5%，其它添加剂 3%。混合精料喂量按牛体重的 1% 计；粗饲料以青贮玉米或氨化秸秆为主，自由采食。日粮中可补饲一定量的尿素。

（2）饲养管理 对膘情较差的个体，可先低营养水平饲喂，使其适应肥育日粮，经过一个月的复膘后再提高日粮营养水平。

淘汰牛应按性别分群饲养，避免公母牛互相追逐、争斗，消耗营养。淘汰牛要适当自由运动，自由饮水，冬季饮温水可降低日粮能量损失，提高能量转化效率和脂肪沉积效率。

八、育肥牛尿素使用方法

育肥牛每日饲喂 100g 尿素，相当于替代 280g 粗蛋白。

1. 饲喂条件

（1）要求日粮中含有充足的禾谷类饲料，以保证尿素在瘤胃中降解时有足够的能量，保证瘤胃微生物合成菌体蛋白时有数量充足、降解速度同步的氮源和碳架。

（2）育肥牛年龄要达到 3.5 月龄、体重要达 200kg 以上，大型牛则要达 250kg 以上，保证育肥牛瘤胃发育足够良好、瘤胃微生物区系平衡稳定。

（3）日粮粗蛋白质含量最好在 9%～12% 之间，同时要保证日粮粗蛋白中含 30%～40% 的过瘤胃蛋白。蛋白含量低于 8% 时添加尿素效果不好，高于 14% 时就失去了添加尿素的意义。

2. 饲喂数量

尿素的添加量以占饲料总量的 1% 为宜，成年牛日粮中尿素可达 0.1kg，最多不能超过 0.2kg。

3. 饲喂方法

（1）混匀饲喂 将尿素与精饲料拌匀后直接饲喂，饲喂 1h 后再饮水。给育肥牛饲喂尿素时，不能空腹饲喂、不能与生豆类（或生豆饼）混拌饲喂、不能溶于水中使用，否则会引起氨中毒。

（2）过渡期与剂量 尿素适口性较差，饲喂时要有 7~15 天的过渡期。一般情况下，育肥牛每日每头饲喂尿素的最大剂量为 0.2kg。

（3）可配合硫酸盐 喂尿素时配合硫酸盐效果较好，一般饲料中氮硫比为 15∶1，此外还要添加 0.5%的食盐。

4. 尿素中毒急救

育肥牛发生尿素中毒时，可用食醋 1500~4000mL 加白糖 50g 混合灌服，以中和瘤胃内的氨、调整瘤胃的酸碱度，间隔 20~30 分钟再灌服 1~2 次即可康复。还可以使用 5%葡萄糖生理盐水 2~3L、维生素 C 5g、10%樟脑磺酸钠 20mL，静脉注射 1 次。

第二节　肉羊饲养管理实用技术

一、妊娠母羊饲养管理技术

肉用母羊的妊娠期一般为 148~153 天，平均为 150 天，妊娠期分为妊娠前期和妊娠后期。妊娠期母羊饲养要以促进胎儿的发育，降低死胎率，提高产羔率为目的。

妊娠期母羊饲养要点是保证营养需要、防流保胎以及产后体况恢复。如孕期营养不足或者不平衡，容易引起母羊产后体况差、奶水不足，导致羔羊发育不好，甚至影响母羊的下一次繁殖。

1. 饲养

（1）妊娠前期 妊娠前期是指母羊妊娠的前 3 个月，该阶段胎儿生长发育速度较慢，所需营养与空怀期基本相同，因此可按照空怀期需要供给。放牧羊在青草季节可以不补饲，进入枯草季节后应适当补饲一定量的优质青干草、青贮饲料等。舍饲羊日粮可由 45%~50%的优质青干草，30%~35%的玉米秸或青贮饲料，10%~15%混合精料组成。维生素、微量元素适量，自由舔食盐砖。

（2）妊娠后期 妊娠后期是指母羊妊娠的第 4~5 个月，该阶段母羊体重会增加 7~8kg，日粮精料比要提高到 25%~35%。每只羊日补混合精料 0.4~0.7kg，青干草 1.5~2.5kg，青贮饲料 1.0~2.0kg，胡萝卜 0.5kg，磷酸氢钙 5~10g。另外，产双羔或三羔的羊再增加 0.2~0.4kg 精料，胡萝卜 0.5~0.7kg，食盐 10g，磷酸氢钙 10g。

母羊产前 2 周左右应控制粗料饲喂量，多喂质地柔软以及青绿多汁饲料，精料中要增加麸皮喂量，以利于通肠利便。在产前 10 天左右，可以多喂一些多汁饲料，以促进乳汁分泌。产前 1 周，要再适量减少精料量，以免胎儿过大造成难产，同时减少食盐给量。

2. 管理

（1）防流保胎 饲草料要质量优良，严禁饲喂冰冻、变质和霉变的饲料。每天密切注意母羊状态，母羊出圈舍要平稳、严防拥挤，不驱赶、不惊吓，提防角斗，不跨沟坎、不让羊走冰滑地，抓羊、堵羊和进行其它操作时动作要轻。

羊圈面积要适宜，每只羊以 2～2.5m² 为宜，防止过于拥挤或由于争斗而产生顶伤、挤伤等机械伤害，造成流产。母羊妊娠后期如果仍在放牧，要选择平坦开阔的牧场，保持一定的运动，有利于胎儿的生长，产羔时不易发生难产，出牧、归牧不能紧迫急赶。

对于妊娠双羔的母羊及初次参加配种的小母羊，要格外加强管理。母羊临产前 1 周左右应做短距离的运动，以保证分娩时能及时回到羊舍。

（2）保证清洁的饮水 不饮冰冻水、变质水和污染水，最好饮井水，同时在水槽中撒些玉米面、豆面，以增加母羊饮水欲。

（3）做好防寒保暖工作 秋、冬季节气温逐渐下降，要封好羊舍的门窗和排风洞，防止贼风，降低能量消耗。

（4）产前准备

① 圈舍准备：母羊进入产房前，要彻底消毒圈舍，用干燥柔软的垫草铺在产床上。以后每隔 5 天用消毒剂喷洒 1 次。临产的母羊要提前 1～2 周进入产房。

② 母羊饲喂调整：产前 20 天必须饲喂低钙日粮，日粮钙含量以 0.2%为宜。产后立即增到 0.8%，可防止母羊产后瘫痪。产前 5～6 天给母羊注射维生素 D 也能有效预防产后瘫痪。

产前 2～3 天若母羊体质好，乳房膨胀并伴有腹下水肿，减少日粮饲喂量 1/3～1/2。相对瘦弱的母羊若产前 1 周乳房干瘪，则应减少粗料喂量，适当增加豆饼、豆浆或豆渣等富含蛋白质的催乳饲料以及青绿多汁的饲料，以防母羊产后缺奶。

二、哺乳母羊饲养管理技术

1. 饲养

（1）产后母羊饲喂 母羊产后立即饮麸皮汤或稀米汤 500mL，加 5g 食盐，每天 3 次，有利于催乳，4～5 天后可转为正常。同时，产后日粮钙含量应立即增到 0.8%，以防止产后瘫痪。

产后前 3 天尽量不喂精饲料，以优质干草为主，3 天后开始饲喂精饲料，喂量逐渐增多。当母羊分泌初乳结束后，日粮即可逐渐增加到正常喂量；食盐给量在产后 7～10 天内逐渐增加到正常水平。

（2）哺乳期母羊的饲喂 哺乳前期是指母羊产后 1 个月，每日喂混合精料 0.6～0.8kg，胡萝卜 0.4～0.6kg，食盐 12g，骨粉 8～10g，及优质青干草，对双羔母羊还应适当增加补饲量。

哺乳中后期是指产后 2～3 个月，此阶段每日喂混合精料 0.2～0.5kg，青贮饲料 1.0～2.0kg，干草 1.5～2.0kg。在羔羊断奶前 1 周，减少多汁饲料、青贮料和精料的饲喂量，以防断奶时发生乳房炎。

2. 管理

（1）**产后充分休息**　当母羊因分娩过度疲劳而发生休克时，让其安静地休息一会便可苏醒，同时喂些温盐水。

（2）**清洁消毒**　注意母羊外阴部的清洁消毒，如尾根、外阴周围黏附有恶露时，应及时洗净，并防止蚊、蝇飞落，搞好圈舍卫生。

（3）**保健**　经过助产的母羊，要向其子宫注入适量的抗菌素，对难产的母羊要精心治疗，产后立即注射催产素 5～10IU，产后康 2 支，预防产褥热、乳房炎、子宫炎的发生，促进母羊子宫早日复原，尽早发情配种。也可灌服益母草汤。

（4）**乳房护理**　经常用温毛巾擦洗乳房，保持清洁，同时轻轻按摩乳房，检查母羊乳房是否有肿胀、硬块，做好乳房炎预防工作。

（5）**防寒保暖**　产后母羊应注意保暖、防潮、防贼风，避免着凉。产房要严防贼风侵入，舍内地面要垫上清洁柔软的垫料（图 3-19）。产后 1h 左右开始饮温水，水温要稍高，切忌饮冷水。

图 3-19　地面铺垫料（王国春提供）

三、新生羔羊护理技术

1. 产前准备

清理圈舍内杂物，用 5%～10% 的火碱水消毒墙裙、地面、过道、饲槽等。在地面铺垫 25～35cm 的垫草，以粉碎的稻草、玉米秸或者稻壳为宜。

2. 母羊消毒

羔羊产出后，母羊会主动舔舐羔羊身上的黏液，此时需要对母羊的乳房和外阴严格消毒，并按摩乳房。

3. 清理黏液

羔羊出生后，倒提起来，轻轻地左右拍打其胸部或后背（图 3-20），待其大声咩叫后再放下，防止吸入胎水。

戴好消毒手套的接产人员把羔羊放在干净的垫草上，母羊会自然站起舔舐羔羊身上的黏液（图 3-21），最好在羔羊身上撒一些麸皮诱其舔干。母羊不能站立的，要在羔羊身上涂一点胎水或母羊乳汁，将其放在母羊的鼻子前增加母子亲和度。但此时千万注意接产人员手套上不能有异味，要求接生一个换一副手套，还应防止其它待产母羊靠近羔羊，以免产生母子错乱。

图 3-20　拍打羔羊（王国春提供）

图 3-21　舔干羔羊（王国春提供）

4. 断脐

在距离羔羊腹部约 5cm 处，用手将脐带内的血液分别向羔羊和胎盘方向挤压，然后用手钝性撕断脐带，再用 5% 的碘酊消毒脐带（图 3-22）。

如果产出的羔羊特别大，产出后脐带内可见汩汩流动的血时，应稍等 3～5 分钟待血液减少、不再流动时，在脐带距羔羊腹部 5cm 处向胎盘方向撸血，之后再钝性撕断脐带，消毒。禁止羔羊间互相舔食，以防感染。

5. 称重

待羔羊身上黏液干燥后，用干净的塑料布铺在电子秤上称量初生重，注意铺垫的塑料布要一次性使用。

6. 哺喂初乳

清洗乳房，挤掉奶头里面前"三把"奶后，再挤一些奶水涂抹到乳房附近区域，诱使羔羊尽快吃到初乳（图 3-23）。初乳中含有丰富的免疫球蛋白、溶菌酶、生长因子和镁盐，有助于初步建立羔羊被动免疫系统、促进胎便排出。

图 3-22　断脐（王国春提供）

图 3-23　吃初乳（王国春提供）

7. 代乳

对于无奶、患病或死亡母羊所生羔羊，应选择健康、奶水充足、母性好的母羊做保姆羊。用保姆羊哺喂初乳时，应该将保姆羊的胎水涂抹到被代乳的羔羊身上，方法是自羔羊尾部起向羔羊头部涂抹，促进母羊认羔。

8. 保暖

羔羊出生后，确保室温恒定在 5℃ 以上，并随时观察母仔情况，对出现病态的羔羊应及时治疗。

9. 胎衣处理

羔羊生后 0.5～3h，母羊胎衣自然娩出，应立即清理，防止母羊吞食。胎衣超过 4h 不下时，应采取药物治疗措施。

四、断奶羔羊育肥技术

羔羊体重达到 20～25kg、每天采食颗粒精料达到 200～250g 时可以开始育肥，一般 6～9 月龄体重为 40～45kg 时达到屠宰体重。饲养方式以舍饲集中批量生产为主，通过实施强度育肥，日增重应在 200～250g 以上。

1. 育肥羊的准备

（1）**外购羊** 选择断奶后 3～4 月龄的杂交羔羊为好，优先选择无角道赛特、夏洛来、萨福克羊等与本地羊杂交的公羔。选择膘情中等、体格稍大个体为宜。羔羊进场当天不宜喂饲精料，只饮水和给以少量干草，在遮阴处休息，避免惊扰。

（2）**自繁自育羔羊** 自繁羔羊应做好哺乳期的饲养管理，及时进行羔羊早期补饲。在母羊舍内设置羔羊补饲栏，7～10 日龄开始诱食，15～20 日龄补饲羔羊颗粒料和优质青干草。哺乳期要培育出生长发育正常、体格健壮的羔羊，为断奶后育肥打下良好的基础。

（3）**合理分群** 对待育肥羔羊逐只称重、记录，按羊只体格、体重和健康状况相近原则进行分群。要勤检查、勤观察，一天巡视 2～3 次，挑出伤、病羊。分群后的 3～5 天内注意观察是否有争斗现象，调整不合群的个体。

（4）**防疫和驱虫** 羔羊育肥期内要定期接种疫苗和驱虫，防止传染病和寄生虫病的发生。对来源不明的羊，进圈当天要注射小反刍兽疫疫苗，10 天后接种羊痘疫苗，20 天后注射三联四防苗，30 天后体内外驱虫，40 天后接种传染性胸膜肺炎疫苗。对来源清晰的羊，根据断奶前免疫情况制定免疫规程，其中小反刍兽疫与羊痘可同时免疫，三联四防和支原体可同时免疫。

体内寄生虫可用丙硫苯咪唑，羔羊按每 1kg 体重灌服丙硫苯咪唑 15mL 驱虫。体外寄生虫用伊维菌素（图 3-24）皮下注射，每只羊 1mL（图 3-25）。

图 3-24 常用驱虫药

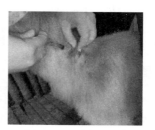

图 3-25 颈皮下注射

(5) 剪毛 若天气允许,可以在育肥开始前剪毛,剪毛对育肥有利,同时可以减少蚊蝇骚扰,避免羊群在天热时扎堆造成的中暑。

2. 羊舍的准备

羊舍要求通风干燥、清洁卫生、夏挡强光、冬避风雪,羊舍面积为每只羔羊占 0.9～1.0m²,另加 2 倍的运动场;每只羔羊槽位 20～25cm,自由饮水,并配备草架。

育肥羊进圈前,应对圈棚进行全面检查,发现问题及时修补。用 3%～5%的碱水或 10%～20%的石灰乳对地面、墙壁、饲槽等进行全面彻底的消毒(图 3-26)。

图 3-26 羊舍消毒

所有工具用消毒剂消毒,羊圈门前应铺石灰。规模较大的育肥户或羊场,应设有消毒间和消毒池,进场人员和车辆应严格消毒。严禁非工作人员进入生产区,以免疾病传染。

3. 贮备饲草饲料

要确保育肥工作的顺利进行,必须贮备足够的饲草,且不轻易变更饲草饲料。通常育肥羊每天需干草约 1～2kg,或青贮饲料 3kg。各种青干草和粗饲草要揉碎或铡短至 2～3cm,块根块茎饲料要切片。精饲料可直接购买育肥羊精料补充料,也可以用玉米与浓缩料自行配制。贮备时注意饲料的含水量和保质期,含水量最好在13%以下。

4. 饲养

引进品种肉羊与当地品种的杂交后代,生长速度较快,羔羊育肥期一般为 90 天。

(1) 过渡期 一般为 14 天,分为两个阶段。第一阶段为育肥开始的第 1～3 天,该阶段只喂干草并保证充足饮水。第二阶段为第 4～14 天,该阶段逐渐增加精料量,日粮以优质牧草为主,精粗比例为 30∶70,其中精料补充料可用育肥前期料。

(2) 育肥前期 育肥前期是从第 15 天到第 50 天,持续约 35 天。本阶段饲养目标以健胃为主,使其适应育肥日粮,防止臌胀、拉稀、酸中毒等消化疾病发生,增大精料喂量,使日粮精粗比达到 40∶60～50∶50。日常管理要注意照顾瘦弱病羊,提高群体整齐度。

(3) 育肥后期 育肥后期持续约 40 天,本阶段饲养目标以催肥为主,通过提高精料比例进行强度育肥,可将精粗比提高至 60∶40。日常注意观察采食、消化和粪便情况,及时调整日粮精料比例。根据市场行情及时出栏。

5. 管理

(1) 圈舍管理 育肥羊的圈舍应清洁干燥,空气良好,挡风遮雨,同时要定期清扫和消毒,要保持圈舍安静,不要随意惊扰羊群。

(2) 料槽管理 料槽内不宜有较多剩余饲料,以吃完不剩为最理想,如果剩料较多,要适当调整日粮给量。

(3)注意饮水卫生 羔羊育肥舍内必须保证有足够的清洁饮水,在冬季,不宜饮用雪水或冰冻水。据研究,气温在15℃时,育肥羊每日饮水量在1kg左右;15~20℃时,为1.2kg;20℃以上时,饮水量接近1.5kg。

(4)饲料过渡方法 育肥期要避免过快地变换饲料种类和日粮类型,切忌在1~2天内改喂新换饲料。精饲料的变换应新旧搭配,逐渐加大新饲料比例,3~5天内全部换完,替换方法如表3-4。将粗饲料更换为精饲料时,可在14天内完成过渡,替换方法如表3-5。

表3-4 精料间的过渡

日粮	配料比	饲喂次数
第一天	2/3 旧的精料、1/3 新的精料	2 次饲喂
第二天	1/2 旧的精料、1/2 新的精料	2 次饲喂
第三天	1/3 旧的精料、2/3 新的精料	2 次饲喂

表3-5 粗料向精料过渡

日粮	精料	粗料	饲喂/(次/天)
第一天	10%	90%	2
第二天	20%	80%	2
第三天	30%	70%	2
第四天	40%	60%	2
第五天	50%	50%	2
第六天	60%	40%	2
第七天	70%	30%	2
第八天	80%	20%	2
极限	90%	100%	2

(5)监测精料喂量 如果羔羊出现腹泻症状,则应减少精料,直到羔羊适应日粮精料水平。随时观察羔羊消化及粪便情况,正常粪便呈颗粒状(见图3-27),如果羔羊粪便呈柱状,说明精料量已经很大(见图3-28),如果呈滩状(见图3-29),说明精料量过大。

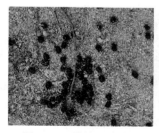

图3-27 羔羊正常粪便

图3-28 柱状粪便

图3-29 滩状粪便

五、肥羔生产技术

肥羔生产技术是指羔羊 45～60 日龄断奶，转入育肥，到 4～6 月龄体重达 30～35kg 时屠宰的生产技术。肥羔肉鲜嫩、多汁、易消化、膻味小。羔羊早期育肥，具有投资少、产出高、方式灵活、能充分利用幼龄羔羊生长速度快、饲料转化率高等显著特点。

选择良种化程度高的肉用品种或杂交品种，同时从 2 月龄左右断奶羔羊群中选择体格大、早熟性好的公羔作为育肥羔。育肥羔羊要求健康无病，四肢健壮，骨架大，腰身长，蹄质坚实。为了加快生长速度和增重效果，肥羔生产一般采取舍饲，饲养时间为 50～60 天。

1. 饲养

（1）**适应过渡期（第 1～15 天）** 第 1～3 天仅喂青干草，每天饲喂 2kg/只，自由饮水，让羔羊适应新环境；第 4～7 天开始由青干草逐步向精料过渡。日粮配方：玉米 25%，干草 65%，糖蜜 4%，豆饼 5%，食盐 1%，抗生素 50mg，精粗料比 36∶64；第 8～15 天，日粮配方参考：玉米 30%，豆饼 5%，干草 62%，食盐 1%，羊用添加剂 1%，磷酸氢钠 1%。

（2）**强化育肥期（第 16～50 天）** 增加日粮蛋白质饲料的比例，同时注重饲料的营养平衡与原料品质。经过 2～5 天的过渡后饲喂以下日粮，精料配方为：玉米 65%，麸皮 13%，豆饼（粕）10%，优质花生粕 10%，食盐 1%，羊用添加剂 1%。混合精料每天饲喂量为 0.2kg/只；粗料每天喂量 1.5kg/只，每天饲喂 2 次，自由饮水。

（3）**育肥后期（第 51～60 天）** 在育肥的最后 10 天左右时间内，加大饲喂量的同时增加日粮能量水平、适当减少蛋白质水平，以增加羊肉的肥度，提高羊肉品质。精料配方参考为：玉米 91%，麸皮 5%，磷酸氢钠 2%，食盐 1%，羊用添加剂 1%。混合精料饲喂量 0.25kg/只；混合粗料饲喂量 1.5kg/只，每天 2 次，自由饮水。

2. 管理

育肥羊舍每只羊占地面积 0.8～1.2m²，保持圈舍冬暖夏凉、通风流畅，育肥前要严格消毒。

根据羊体重分圈饲养，易于管理。经常刷拭羊体，随时观察羊体健康状况，发现异常及时隔离诊断治疗。

六、淘汰羊育肥技术

淘汰羊一般是指不能繁殖的母羊或者失去种用价值的老龄公羊。淘汰羊育肥时应按照品种、体重和性别确定育肥方案和日粮标准。

1. 准备工作

（1）**选羊与分群** 选择健康淘汰羊，按体重和体质状况分群，将体况相近的羊分为一群，避免强弱争食。

（2）育肥前处理 淘汰公羊应在育肥前 10 天左右去势。育肥前应进行驱虫。在圈内设置足够的水槽和料槽，并对羊舍及运动场进行清洁与消毒。

2. 饲养

淘汰羊育肥主要是增加体脂肪，改善肉风味，因此要求日粮能量水平较高。淘汰羊育肥期可分为预饲期（15 天）、育肥期（30～50 天）和出栏期 3 个阶段。

（1）预饲期 预饲期主要目的是让羊适应新环境和饲料，转变饲养方式。预饲期以粗饲料为主，适当搭配精饲料，并逐渐将精饲料的比例提高到 40%～50%。

（2）育肥期 日粮精料比例可提高到 60%，其中玉米、大麦等籽实类能量饲料可达 80% 左右。

（3）出栏期 育肥到 50 天时必须出栏，此时羊的生长速度和饲料利用率较低，再继续延长育肥时间则会降低经济效益。

3. 育肥方式

（1）放牧+补饲型 夏季淘汰羊的育肥以放牧为主，其日采食青绿饲料可达 5～6kg，精料 0.4～0.5kg，育肥平均日增重为 140g。秋季可选择老龄羊或淘汰羊进行育肥，育肥期一般为 80～100 天。可先利用农田茬地或秋季牧场放牧，待膘情好转后，直接转入育肥舍进行短期强度育肥。此种育肥典型的日粮组成如下。

配方一：禾本科干草 0.5kg，青贮玉米 4.0kg，精补料 0.5kg。此配方日粮干物质含量为 40.60%，代谢能 17.974MJ，粗蛋白 4.12%，钙 0.24%，磷 0.11%。

配方二：禾本科干草 0.5kg，青贮玉米 3.0kg，精补料 0.4kg，多汁饲料 0.8kg。此配方日粮干物质含量为 40.64%，代谢能 15.884MJ，粗蛋白 3.83%，钙 0.22%，磷 0.10%。

（2）颗粒饲料育肥 颗粒饲料育肥法是通过环模（图 3-30）或平模制粒机（图 3-31），将提前粉碎的粗饲料与精饲料混合后压制成全价颗粒，颗粒直径为 4.5～6.0mm（图 3-32、图 3-33），长度 2～4cm。应用该饲料育肥淘汰羊，要适当在饲槽内放入少量长草，刺激羊反刍。在辽宁绒山羊育肥研究中应用 TMR 颗粒日粮，与精粗饲料分开饲喂相比，TMR 颗粒组动物的采食量增加 0.14kg、日粮成本增加 0.08 元；但是日增重提高了 16.82g、料重比降低了 1.26、单位增重的成本降低，总体经济效益增加。

图 3-30　环模制粒机

图 3-31　平模制粒机

图 3-32　6 毫米（mm）颗粒　　　图 3-33　4.5 毫米（mm）颗粒

典型日粮配方组成如下：

配方一：禾本科草粉 30.0%，秸秆 44.5%，精料 25.0%，磷酸氢钙 0.5%。此配方每千克饲料中干物质含量为 86%，代谢能 7.106MJ，粗蛋白 7.4%，钙 0.49%，磷 0.25%。

配方二：秸秆 44.5%，草粉 35.0%，精料 20.0%，磷酸氢钙 0.5%。此配方每千克饲料中干物质含量为 86%，代谢能 6.897MJ，粗蛋白 7.2%，钙 0.48%，磷 0.24%。

4. 管理

（1）精确配制日粮配方　颗粒日粮配方要精准配制，加工调制时严格按比例称量并混合均匀。在原料选择上应充分利用天然牧草、秸秆、树叶、农副产品等，同时适当加喂大麦、米糠、菜籽饼等精饲料。

（2）合理制定饲喂制度　成年羊的日喂量依配方不同有一定的差异，一般要求每天饲喂 2 次，日喂量以饲槽内基本无剩余饲料为标准。

（3）合理使用非蛋白氮　肉羊育肥时可以使用的非蛋白氮是尿素，添加量为日粮干物质的 1%或混合料的 2%。饲喂时要让羊只逐渐适应，一般 10 天左右达到规定喂量，尿素要与其它精饲料混合均匀，切忌饲喂后立即饮水。

七、育肥羊常见营养代谢病

肉羊在育肥时日粮营养浓度较高，运动量减少，常常出现尿结石症、异食癖、黄脂病、肢蹄病等营养代谢病。

1. 尿结石症

尿结石症是近年来育肥羔羊生产中常见的营养代谢性疾病，在一些育肥羊场羔羊的发病率在 8%~10%，对羔羊的危害较大。

（1）症状　排尿困难（图 3-34）；病性尿淋沥、血尿、腹痛、弓背；羔羊采食不安、消瘦，长期严重尿路结石（图 3-35）可导致尿路附属器官坏死和器质性破坏。

 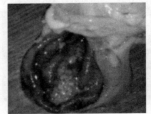

图 3-34　排尿困难　　　图 3-35　膀胱结石

（2）病因

① 日粮能量和蛋白质水平过高。有研究表明当日粮可消化蛋白水平超过 11.5% 时，育肥羊尿结石发生率升高。在生产中饲喂全混合日粮有利于防止尿结石发生。

② 地方性水源中某些矿物质成分过高或缺乏。如高镁、高硅等易引发尿结石；另有研究表明日粮中阴阳离子平衡（DCAB）对尿结石发病率有显著影响，当日粮 DCAB＞300 时育肥羊易发生尿结石；而当日粮 DCAB＜150 时，所有育肥羊均无尿结石病发生。

③ 钙磷比例不平衡。饲料中钙、磷比例不适当，低钙、高磷易引起尿液磷的排出增加，产生磷酸盐结石，一般高谷物和低粗纤维的日粮容易出现低钙、高磷，从而导致结石率增大。研究表明当日粮中钙磷比（Ca/P）在 1.5～2.0 时，育肥羊的血和尿中尿酸、尿素氮和肌酐均处于正常水平，而当 Ca/P＞2 时则发生尿结石。饲料镁含量过高（超过 0.6%）也易引发尿结石，实验研究表明辽宁地区育肥羊尿结石主要成分为磷酸氨镁盐。

④ 饮水不足。肾脏内代谢废物得不到稀释，肾脏对磷酸盐的重吸收功能减弱，尿液磷酸盐浓度升高，形成尿结石。

（3）预防 育肥羊要使用全混合日粮育肥，同时避免高磷副产物（如麸皮、棉粕）饲料原料在日粮中比例过大，控制日粮钙磷比在 1.5～2 范围内；给育肥羊充足饮水；在全价饲料中添加 0.5%氯化铵；日粮中按照 1000IU/kg 饲料的比例添加过瘤胃维生素 D。

2. 食毛症

食毛症是动物异食癖的一种表现，是羔羊代谢机能紊乱、味觉异常的综合征。食毛量过多，会在胃内形成大小不等、不能消化的毛球（图 3-36），严重时因毛球阻塞肠道形成肠梗阻而死亡。

（1）症状 主要发生在春季，且多见于羔羊，病初啃食母羊的被毛，或羔羊之间互相啃咬股、腹、尾部的毛和被粪尿污染的毛（见图 3-37），也有的会采食脱落在地的羊毛及舔墙、舔土等，同时逐渐出现其它异食现象。

图 3-36 毛球（赵世华提供）

图 3-37 互相啃咬（赵世华提供）

图 3-38 食毛症羊（赵世华提供）

当食入的羊毛在胃内形成毛球，且阻塞幽门或嵌入肠道造成皱胃和肠道阻塞时，羔羊出现被毛粗乱，生长迟缓，消瘦，下痢及贫血等临床症状（图 3-38）。特别是幽门阻塞严重时，则表现出腹痛不安、拱腰、不食、排便停止、气喘等症状。腹部触诊可在胃及肠道处摸到核桃大的硬块，可移动，指压不变形。

（2）病因　本病的发病原因是多种多样的，有营养因素、环境及管理因素、寄生虫病因素。

① 营养因素：母羊和羔羊饲料中矿物质和微量元素锌、钠、铜、钙、铁、硫等缺乏；钙、磷不足或比例失当；长期饲喂酸性饲料；羔羊缺乏必需氨基酸；维生素 B 族缺乏或合成不足，导致体内代谢机能紊乱引起食毛症。

② 环境及管理因素：圈舍拥挤，饲养密度过大，运动场狭小，户外运动缺乏，圈舍采光不足，降低了维生素 D 的转化能力，严重影响钙的吸收。

③ 寄生虫病因素：药浴不彻底或患疥螨严重而引起脱毛，当羊互相拥挤、啃咬时吞下羊毛。

（3）预防　保证羊群驱虫到位，一般要间隔 3～5 天驱虫 2 次。控制饲养密度，减少应激。保证圈舍清洁、干燥，及时清理圈舍。清洁母羊乳房周围的被毛，加强羔羊的卫生，防止羔羊互相啃咬食毛。保证日粮营养平衡，供给富含蛋白质、维生素及微量元素的饲料，钙、磷比例适宜，食盐要供给充足。

3. 黄脂病

羊黄脂病是以羊体脂肪组织呈现黄色为特征的一种色素沉积性疾病，又称"黄膘"、黄脂肪病或营养性脂膜炎。屠宰后皮下脂肪变黄的羊肉，若因饲料引起的称为"黄膘肉"。

（1）症状　育肥羊排出浅褐色或深褐色的尿液，对尿液不正常的育肥羊进行检查，发现其精神、采食、饮水、反刍、粪便都基本正常，但眼结膜有不同程度的黄染，病羊眼结膜发黄的程度最为严重。扒开被毛皮肤发黄、四肢内侧无毛处皮肤发黄，掀起尾巴皮肤发黄。

剖检变化：全身皮下脂肪呈黄色，有鱼腥味。肠系膜、大网膜上脂肪厚重，呈黄色。肾脏周围也有大量脂肪，将肾脏完全包裹，脂肪呈黄色，心冠脂肪黄染。

（2）病因

① 遗传因素：有调查发现，凡是父本或母本在宰杀时，发现其后代患有黄脂病的概率较父本、母本未发现黄脂病的后代概率要高。研究表明绵羊脂肪的黄色程度受遗传因素的影响，控制绵羊黄脂肉的基因是一对隐性纯合子。

② 饲料因素：当饲料中玉米、米糠等不饱和脂肪酸含量高的原料过多，以及饲料中维生素 E、天然抗氧化剂硒等的添加量不足，会加大机体出现黄脂病的概率。

饲料中铜含量偏高也会导致饲料氧化加快，尤其是在湿热条件下，更会增加对维生素 E 的需求量，使得维生素 E 的消耗量增大，致使脂肪组织出现黄脂。

大量使用胡萝卜等色素含量高的原料，或饲料原料被染色剂染色后，直接饲喂给动物，原料上的颜色沉积到脂肪上，也会造成黄脂现象。

（3）预防 针对黄脂病的发病原因，可以从以下几个方面进行预防。

① 品种的选择：对羊只的品种进行选育，选择出能抗黄脂病的品种。

② 减少使用色素含量高的原料：合理使用玉米、胡萝卜等色素含量高的饲料原料；加强对原料的检测，保障外购原料的质量和安全。

③ 确保饲料中矿物质、维生素含量均衡：注意饲料中维生素 E、微量元素硒的添加量，防止铜含量超标。

第四章 繁殖实用技术

第一节 肉牛繁殖实用技术

一、公牛采精

本技术适用于奶牛、肉牛、黄牛和兼用牛的采精。

1. 采精场所

采精要有一定的采精环境,以便于公牛建立起条件反射,同时防止精液被污染。

采精场应建立在宽敞、平坦、安静、清洁的房间中,场内设有采精架,以保定台牛或利用假台牛供公牛爬跨采精。室内采精场的面积一般为 10m×10m,并附设喷洒消毒和紫外线照射杀菌设备。

2. 采精前的准备

(1) 假阴道的准备 要正确安装假阴道,使假阴道有适当的温度、压力和润滑度,以保证顺利采精。

① 器材的清洗与消毒:采精之前要将采精、精液处理过程中可能用到的器材以及润滑剂、稀释液等准备好,并进行消毒处理。

② 假阴道的安装:假阴道主要由外壳、内胎和集精杯三部分组成。

外壳为硬橡胶圆筒,上有注水孔;内胎为弹性强、薄而柔软、无毒的橡胶筒,装在外壳内;集精杯由暗色玻璃或塑料制成,装在假阴道的一端。此外,假阴道还有固定集精杯用的胶套、固定内胎用的胶圈、充气调压用的气咔等部分。

假阴道安装时,将内胎的光面朝里放入外壳内,露出的两端要长短相等,翻套在外壳上,用固定套固定。要求内胎应松紧适度,平直无斜扭的皱褶。

内胎装好后,用长柄钳夹取75%酒精棉球从里向外均匀擦拭内胎,然后用95%酒精棉球擦拭。酒精挥发后,用生理盐水冲洗2~3遍。

将已消毒好的集精杯用生理盐水冲洗后安装在假阴道上，并用固定套固定。将生理盐水倒入假阴道，摇动假阴道，使生理盐水充分冲洗内胎和集精杯，最后倒出生理盐水，共冲洗 2～3 遍，以清除酒精残留。

假阴道安装后，用 2～4 层消过毒的纱布盖住假阴道入口（图 4-1），放入 40～42℃ 恒温箱内待用（图 4-2）。

 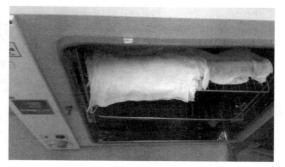

图 4-1　用纱布盖住假阴道入口　　　　图 4-2　放入 40～42℃ 恒温箱

采精前，将安装完毕的假阴道注入 50～55℃ 的温水（图 4-3），以保证采精时内壁温度控制在 38～40℃。注水量为内外壁之间容积的 1/2 左右。集精杯内温度应保持在 34～35℃，以防射精后因温度变化对精子产生危害。

注水后，用消毒后的玻璃棒蘸取经灭菌的润滑剂（常用中性凡士林）对假阴道内壁润滑（图 4-4），涂抹部位应是假阴道前段的 1/3～1/2 处至外口周围（从里向外转圈涂抹）。润滑剂涂好后，通过开关处用双连球打入空气，调节压力，以内胎形成 3 个半圆形的大褶皱为宜（图 4-5）。

图 4-3　注水　　　　　　　　　图 4-4　涂润滑剂

（2）台牛的准备　采精时，用活台牛效果最好，可以选择性情温顺、体格适当、健康无病、四肢有力的母牛作台牛，也可以选择淘汰母牛或阉割过的公牛作为台牛。

此外，可使用假台牛进行采精。假台牛可用木材或金属材料制成，要求大小适宜、坚实牢固、表面柔软干净，用牛皮伪装。用假台牛采精，应先对公牛进行调教，使其建立条件反射。

采精前，将活台牛保定在采精架内，将其尾系于台牛体左侧，用来苏水溶液擦拭尾根部、外阴部和阴门,再用清水擦洗,用干净的布擦干。

(3) 公牛的准备 种公牛的体型外貌和生产性能,均应符合本品种的种用公牛标准,并经过种畜繁育场进行后裔测定,方可使用。

采精前,用洁净的温水冲洗公牛的包皮,并按摩其阴囊。将公牛牵入采精场后,先使公牛空爬数次,以增强性欲。当公牛阴茎充分勃起并排出少量分泌物时,令其爬跨台牛采精。

牵牛人员对公牛不要粗暴,以免影响性欲、射精量和精液品质。

3. 精液的采集

(1) 采精方法 公牛的精液采集主要采用假阴道法,特殊情况下也用按摩法,下面主要介绍假阴道法。

采精时,将公牛引至台牛后面,采精员站在台牛后部右侧,右手握持备好的假阴道(图4-6)。

图4-5 加压内壁呈"三瓣闭合"型

图4-6 备好的假阴道

当公牛爬跨后,迅速用左手准确地托握公牛包皮(切勿触摸阴茎),将阴茎导入假阴道入口(假阴道应与阴茎方向一致,一般与水平线成35°),使假阴道靠在台牛臀侧,随后公牛的后躯向前一冲即完成射精。

当公牛滑下时,采精人员应持假阴道随公牛滑下,迅速而自然地取下假阴道,将假阴道直立(保持假阴道入口向上倾斜)。打开开关,放出空气和部分热水,以便精液完全流入集精杯内。取下集精杯,立即送入精液检查处理室。

值得注意的是,公牛对假阴道的温度比压力更为敏感。因此,温度要控制好,内胎温度控制在38~40℃。此外,公牛的阴茎非常敏感,在导入假阴道内时,只能用掌心托着包皮,切勿用手直接抓握伸出的阴茎。同时,牛交配时间短促,只有数秒钟,当公牛后躯向前一冲即行射精。因此,采精动作力求迅速、敏捷、准确,并防止阴茎突然弯折而损伤。

(2) 采精频率 公牛1周内采精2~3次或每周1次为宜。随意增加采精次数,不仅会降低精液品质,也会造成公牛生殖功能降低和体质衰弱等不良后果。

成年公牛可连续取精2次,间隔时间要在半小时以上。因为连续射精2次时,第二次采得的精液的体积和品质都较第一次好,可将 2 次射出的精液混合使用。

二、精液品质检查

1. 外观检查

主要观察精液的量、颜色、气味和状态等指标。

(1) 采精量 牛的 1 次射精量在平均 4(2~10)mL,密度为 10(2.5~20)亿/mL。

(2) 颜色 牛的精液呈乳白或乳黄,有时呈淡黄色。如果精液颜色异常属不正常现象,应立即停止采精,查明原因及时治疗。

(3) 气味 牛精液除具有腥味外,另有微汗脂味。气味异常常伴有颜色的变化。若出现腥臭味,说明副性腺可能有炎症,应该及时治疗。

(4) 状态 牛的精液精子密度大,放在玻璃容器中观察,精液呈上下翻滚状态,像云雾一样,称为云雾状,这是精子运动活跃的表现。

2. 显微镜检查

(1) 精子活力检查 精子活力又称活率,是指精液中做直线前进运动的精子占整个精子数的百分比,是精液检查的重要指标之一。

检查精子活力需要借助显微镜来完成,以 300~600 倍为宜,将精液样品放在镜前进行观察(图 4-7)。

① 平板压片法:取一滴精液于载玻片上,盖上盖玻片,放在镜下观察。此法简单、操作方便,但精液易干燥,检查应迅速。

图 4-7 检查精子活力

② 悬滴检查法:取一滴精液于盖玻片上,迅速翻转使精液形成悬滴,置于有凹玻片的凹窝内观察。此法精液较厚,检查结果可能偏高。

评定精子活力多采用"十级一分制"。如果精液中有80%的精子做直线运动,精子活力计为 0.8;如有 50%的精子做直线前进运动,活力计为 0.5,以此类推。

牛的精液精子密度较大,为观察方便,可用等渗溶液(如生理盐水等)稀释后再检查。此外,温度对精子活力影响较大,为使评定结果准确,要求检查温度在 37℃左右,需要用有恒温装置的显微镜。

(2) 精子密度检查 以用血球计算器为准;用光电比色计或其它电子仪器检查,都必须用血球计算器做出可靠的校正值。

① 估测法:通常结合精子活力检查(不做稀释)来进行,根据显微镜下精子的密集程度,把精子的密度大致分为"稠密""中等""稀薄"三个等级,这种方法能大致估计精子的密度,主观性强,误差较大。

② 血细胞计数法:用血细胞计数法定期对公畜的精液进行检查,可较准确地测定精子密度。

操作方法:红细胞吸管下端有刻度 0.5 和 1,可做 10 或 20 倍稀释。用白细胞吸管吸取原精液至刻度 1，然后吸取稀释液至 101 的刻度（此时稀释倍数为 100）上，用拇指和食指分别按压吸管的两端，进行振荡混合均匀，弃去吸管前段不含精子的液体 2~3 滴，向计数室与盖玻片之间的边缘滴 1 滴，使精液渗入计数室内，即可在显微镜下（物镜为 10 倍镜头）检查 5 个中方格（一共 25 个中方格）的精子数，而后推算 1mL 内的精子数。

1mL 原精液的精子总数=5 个中方格的精子总数×5 万×稀释倍数

三、精液稀释

1. 稀释液的成分及作用

稀释液主要用以扩大精液容量，要求所选用的药液必须与精液具有相同的渗透压，主要包括稀释剂、营养剂、保护剂和添加剂等成分。

（1）稀释剂 主要用以扩大精液容量，要求所选用的药液必须与精液具有相同的渗透压，如等渗的氯化钠、葡萄糖、蔗糖等。

（2）营养剂 主要为精子体外代谢提供养分，补充精子消耗的能量，延长精子体外的存活时间，如糖类、奶类、卵黄等。

（3）保护剂 主要是对精子起保护作用的各类制剂，常用的保护剂有缓冲剂（如柠檬酸钠、酒石酸钾钠、磷酸二氢钾、磷酸氢二钠等）、抗冷物质（如卵黄、奶类等）、抗冻物质（如甘油、乙二醇、Tris 和二甲基亚砜）以及抗菌物质（如青霉素、链霉素、氨苯磺胺等）。

（4）其它添加剂 除上述三种成分以外,可以向精液中添加提高受精率的激素类、维生素类和酶类物质。

2. 精液的稀释操作

通常，精液的稀释可以采用现用稀释液、低温稀释液、常温稀释液和冷冻稀释液进行。牛精液的稀释和保存以冷冻稀释保存较理想。

精液的稀释应在采精后立即进行。稀释前，将精液和稀释液同时放在 30℃水浴锅内预热；稀释时，将稀释液沿着容器壁缓慢加入精液中，边加入边搅拌。

牛的精液一般进行 20 倍稀释，需要分两步进行。先做 3~5 倍的低倍稀释，静止一段时间，再进行第二次稀释，以防稀释倍数过大，精子来不及适应而死亡。

四、精液保存

精液稀释后，按 1 个输精量分装到特定的输精瓶（管）中，封口、贴好标签后，低温或常温保存。常温保存（15~25℃）和低温保存（0~5℃）方式多已不采用。

牛精液冷冻保存（-196~-79℃）已十分普及，冷冻精液制作过程如下。

1. 精液品质检查

根据要求对采集的精液进行品质检查。要求采得的精液精子活率不低于0.7，精子

密度不低于 0.8×10^9 个/mL，精子畸形率不超过 15%。

2. 精液的稀释

为避免甘油与精子接触时间过长而造成危害，采用二次稀释较为合理。

先用不含甘油的稀释液（第一液）对精液进行低倍稀释；然后，将精液连同第二液一起降温至 0~5℃（全程 1~1.5h），并在此温下做第二次稀释。

3. 精液的降温平衡

将盛装稀释精液瓶或细管用 6~8 层纱布包裹好放入冰箱内，使其在约 1h 内缓慢降温 3~5℃。精子的平衡是降温后，将稀释后的精液放置在 0~5℃的环境中停留 2~4h，使甘油充分渗入精子内部，起到抗冻作用。

4. 精液的分装

采用颗粒、细管、安瓿瓶等分装方法进行精液分装。细管冻精具有不受污染、易标记、易贮存、适于机械化生产等特点，是最理想的剂型。

将平衡后的精液分装到塑料细管中，细管的一端塞有细线或棉花，其间放置少量聚乙烯醇粉（吸水后形成活塞），另一端封口，冷冻后保存。

细管的长度约 13cm，容量有 0.25mL、0.5mL 或 1.0mL，牛的冻精多用 0.25mL 剂型。

5. 精液的冻结

主要采用干冰埋植法和液氮处理法来实现精液的快速冷冻。

干冰埋植法适于小规模生产及液氮缺乏的地区。干冰置于木盒中，铺平压实，将平衡后的细管精液置于其上，迅速覆以干冰，5 分钟后，细管精液充分冻结，每 50~100 支装入纱布袋中，沉入液氮保存。

液氮处理法是目前使用较为广泛的方法。将分装好的细管精液平铺于特制的细管架上，放入盛装液氮的液氮柜中浸泡、盖好，5 分钟后取出保存。这种方法启动温度低，冷冻效果好。

6. 精液的解冻

解冻方法有低温冰水解冻（0~5℃）、温水解冻（30~40℃）和高温解冻（50~70℃）等。实践证明，38~40℃温水解冻效果最好。

细管冻精解冻时，可直接投入温水中，待冻精融化一半即可取出备用。

7. 活力检查

解冻后进行镜检并观察精子活率和畸形率，活率在 0.3 以上才能用于输精。同时要求精子的畸形率不超过 25%，顶体完整率在 60% 以上，精液中的细菌数不超过 1000 个/mL。

五、母牛发情鉴定技术

1. 初情期

母牛初次发情和排卵的时期为初情期,初情期一般为 6~12 月龄,因品种、环境和营养水平而异。

初情期的母牛,生殖器官尚未发育成熟,虽然有发情表现,但发情周期是不正常的,需要继续生长到一定时期,才能达到性成熟。母牛的性成熟时间为 8~14 月龄。

2. 适配年龄

适配年龄以体重为依据,即体重达到正常成年体重的 70%以上时可以开始配种。乳用品种一般 13.5 月龄以上或体重达 380kg 即可配种,肉用品种满 14 月龄才开始初配;农区黄牛与肉牛相似,牧区或山区营养差的母牛一般在 2 周岁才能配种。

3. 发情季节

母牛为常年发情动物,除了孕期以外,一年四季都可以发情配种,发情季节不明显。

4. 发情周期

母牛从一次发情开始至下一次发情开始的间隔天数为一个发情周期。

母牛的发情周期一般为 18~24 天,平均 21 天。不同品种牛的发情周期差异不大,但受年龄影响较大,青年母牛平均 20 天,成年母牛多为 21 天。

5. 发情持续时间

母牛的发情持续时间为 15~20h,青年牛为 15.3h,成年牛为 17.7h。品种间也存在差异,乳用品种为 13~17h,肉用品种为 13~30h。

6. 母牛发情鉴定方法

母牛的发情鉴定一般采用外部观察法、阴道检查法、直肠触诊法、活动量检测法等。

(1) **外部观察法** 母牛进入发情盛期以后,精神变得敏感不安,食量减少,反刍时间缩短,不停哞叫,目光锐利,两耳直立,走动频繁,主动追寻公牛,有交配欲望等(图 4-8、图 4-9)。

图 4-8 发情躁动不安

图 4-9 发情牛爬跨其它母牛

① 阴部明显充血变大，皱纹消失，阴道黏膜潮红、有光泽（图4-10、图4-11）。

图4-10　外阴充血肿大　　　　图4-11　外阴黏膜潮红

② 有大量稀薄透明分泌物从外阴部排出，黏性大而能拉成长丝（图4-12）。

③ 出现静立反应（典型特征），即母牛被爬跨时保持不动（图4-13），青年牛能保持6～8h，成年牛保持8～12h。

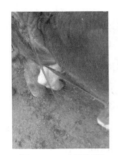 

图4-12　流黏液　　　　图4-13　母牛被爬跨时出现静立反应

④ 用手按压十字部，母牛表现凹腰，高举尾根，有时因接受爬跨，致使尾根被毛蓬乱，出现爬痕（图4-14），此时输精比较适时。

（2）阴道检查法　利用阴道开膣器（图4-15）或内窥镜（图4-16）插入母牛阴道，借助光源，观察阴道黏膜色泽、黏液性状及子宫颈口开张情况，判断母牛是否发情。

  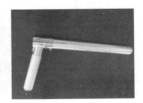

图4-14　爬痕　　　图4-15　牛用阴道开膣器　　　图4-16　牛用内窥镜

① 将母牛牵入保定架内，洗净并消毒外阴部。

② 开膣器用70%酒精棉球擦拭消毒或通过酒精灯火焰消毒，并涂上润滑剂。

③ 术者以左手拇指与食指拨开母牛阴唇，右手持开膣器，插入阴道至顶端，横转开张器，进行观察。

发情初期，阴道黏膜呈粉红色，无光泽，有少量黏液，子宫颈外口略开张。

发情盛期，阴道黏膜潮红，有强光泽和滑润感，阴道黏液中常常有血丝，子宫颈外口充血、肿胀、松弛、开张，此期末输精较为合适。

发情末期，阴道黏膜色泽变淡，黏液量少而黏稠，子宫颈外口收缩闭合。

观察操作要迅速，以减少对阴道黏膜的刺激。插入开膣器时要小心谨慎，并注意阻力的变化，发情盛期时阻力较小，容易插入；发情初期和发情末期有一定阻力，不发情时阻力较大；妊娠母牛感到滞涩，阻力较大。

此外，还可以检查发情母牛的阴道黏液，将黏液制成涂片，自然干燥，在显微镜下观察。处于发情盛期时的抹片有羊齿植物状结晶花纹，而发情末期的抹片结晶结构较短，呈现金鱼藻或星芒状。

（3）直肠触诊法　术者把手臂伸到母牛直肠内，隔着肠壁触摸卵巢，判定有无卵泡发育，或卵泡排卵的大致时间，这是目前判断母牛发情比较准确而最常用的方法。

① 将被检母牛牵入保定架内保定，尾巴拉向一侧，暴露外阴，并清洗外阴。

② 术者将指甲剪短磨光（以免损伤肠壁），穿上工作服，洗净、消毒手、手臂，涂上润滑油。

③ 检查人员站在被检母牛的后方，术者先将手臂在温水中预热，再五指并拢成锥状，慢慢插入母牛肛门，然后手指扩张后退，刺激肛门括约肌，诱导排粪。

当引起直肠努责将粪排出时，可阻其排出，待屡经努责再让排出，可一次性将直肠后部的宿粪排净。如果宿粪多时，可用手指扩张肛门，放入空气，用手轻推粪便加以刺激，粪便就自行排出；或将伸入直肠的手臂上抬，手心向下，用手轻轻外扒粪便，让粪便在臂下从肛门挤出。

④ 牛的卵巢、子宫集中在骨盆腔内，直检时，将手臂伸到一定深度时（达骨盆腔中部，即手伸入直肠约一掌左右），掌心向下找到子宫颈（似软骨样感觉），然后顺子宫颈向前，可触摸到子宫体及角间沟，再稍向前在子宫大弯处的后方即可摸到卵巢。

母牛卵巢上的卵泡发育可分为下列四个时期：

a. 卵泡出现期。卵巢体积稍增大，卵泡直径为 0.50～0.75cm，触之能感觉到卵巢上有一个软化点，波动不明显。此时相当于发情的早期阶段，一般持续约 6～12h。这一时期母牛开始出现发情症状，但此期不宜配种。

b. 卵泡发育期。获得发育优势的卵泡直径增大到 1.0～1.5cm，呈小球状，部分突出于卵巢表面，波动明显。此时期相当于发情盛期的初级阶段，一般持续 10～12h。发情表现由显著到逐渐减弱，此期一般不配或酌配。

c. 卵泡成熟期。卵泡体积不再增大，卵泡壁变薄，紧张而有弹性，波动明显，有一触即破的感觉。此时期发情症状明显，持续 12h 左右，6～18h 内排卵。发情症状由微弱到消失，此期必须抓紧配种。

d. 黄体形成期。母牛在兴奋消失后 10～15h，卵泡开始破裂排卵，卵泡液流失，泡壁变得松软，呈凹陷状，触之有两层皮之感觉。排卵 6～8h 以后，黄体开始形成，有别于卵泡，触之有肉样感觉，凹陷不显，直径 0.5～0.8cm。成熟黄体的直径为 2cm。

排卵时间通常在性欲消失之后的 10～11h，而夜间排卵者较白昼为多，右侧卵巢排卵的比左侧多，此期不宜再配。

（4）活动量监测法 根据母牛发情时兴奋、追逐和爬跨其它母牛，从而运动量比平时显著增加的特点，通过射频和现代计算机技术（图 4-17）监测母牛的活动量，从而根据活动量判断母牛是否发情。

图 4-17　发情鉴定器

六、母牛人工输精技术

1. 输精时间和输精次数

母牛的发情持续时间一般为 1～2 天，排卵发生在发情结束后 12h 左右，因此在排卵前 6～24h 内输精，受胎率较高。

生产实践中，如果母牛早上发情，则于当日下午或傍晚第一次输精，次日早上第二次输精；如果母牛下午或晚上发情，于次日早上第一次输精，次日下午或傍晚第二次输精。

经产母牛发情持续期较短，输精应尽早进行。母牛发情 8～10h 后，可进行第一次输精，间隔 8～12h 进行第二次输精。

初配母牛发情持续期稍长，输精过早受胎率不高，通常在发情后 20h 左右开始输精，在第二次输精前，最好检查一下卵泡，若母牛已排卵，不必再次输精。

2. 输精剂量

液态精液的输精量为 1.0～2.0mL，冷冻精液的输精量为 0.25～0.5mL，要求每份精液含有效精子数为 800 万～1200 万个。

3. 输精部位

输精部位与受胎率密切相关。牛采用子宫颈深部输精比子宫颈浅部输精的受胎率高。

4. 母牛的输精方法

（1）输精前的准备工作

① 输精器械的准备：牛人工输精器械有输精枪（包括 0.25mL、0.5mL 细管和通用输精枪 3 种规格）、消毒输精管外套管、内窥镜、开膣器、镊子和剪刀（图 4-18）、精液解冻恒温杯（图 4-19）、直肠检查塑料长臂手套等。

使用一次性塑料外套的金属输精器（图 4-20）输精时，一支输精器外套一次只能为一头牛输精。

近年来，市场上出现了牛、鹿通用型可视输精枪（图 4-21）。

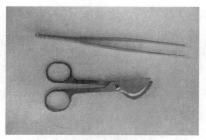 

图 4-18　镊子和剪细管用剪刀　　图 4-19　精液解冻恒温杯

 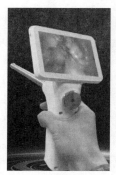

图 4-20　金属输精器　　　　　图 4-21　可视输精枪

② 母牛准备：可保定在颈枷内，清理母牛直肠内粪便，用清水洗净外阴部，每头牛每次用一块消毒毛巾（或纱布、卫生纸）由里向外擦干（图 4-22）。

③ 输精人员准备：输精人员必须穿戴工作服，双手指甲应剪短并磨光，进入直肠的手臂佩戴一次性长臂手套，另一只手可戴一次性乳胶手套（图 4-23）。

图 4-22　用纸擦干外阴　　　图 4-23　输精人员准备

④ 冷冻精液的解冻：用长柄镊子从液氮罐（图 4-24）中迅速取出公牛冷冻细管精液（图 4-25），将剩余精液细管立即放回液氮罐内；取出的冷冻细管精液要迅速放入 38～40℃温水中，解冻 30～45s 后取出，也可用精液解冻恒温杯解冻精液。

图 4-24 液氮罐

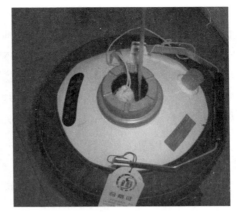
图 4-25 取冻精

解冻后的精子应该抽检精子的活力,当视野中呈直线运动的精子占总精子数的 30% 以上时,才可以进行输精,否则不能用于输精。

(2)输精操作 采用直肠把握子宫颈输精法输精时,左手伸入直肠内,清理干净宿粪,隔着直肠壁寻找子宫颈,将子宫颈半握在手中;右手持输精枪,先斜上方伸入阴道内 5~8cm,水平插入到子宫颈口,两手协同配合,将输精器伸入子宫颈的 3~5 个皱褶处或子宫体内,徐徐注入精液(图 4-26),输精枪不要握得太紧,要随着母牛的摆动而灵活伸入。

直肠内的手要把握子宫颈的后端,并保持子宫颈的水平状态。如果把握过前,容易造成子宫颈口角度下垂,导致输精枪不易插入;输精枪要稍用力前伸,每过一个子宫颈皱褶都有感觉,出现"咔咔"的响声,避免盲目用力插入,防止生殖道黏膜损伤或穿孔。如果输精时感到有阻力,可将输精枪稍退后,再行插入。

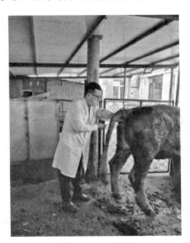
图 4-26 输精

七、母牛妊娠诊断技术

1. 牛的妊娠期

母牛的妊娠期一般为 276~290 天,平均 282 天。妊娠期因品种、胎次、年龄、单双胎、胎儿性别、饲养管理条件等因素而略有差异。

2. 预产期推算

母牛的预产期推算方法是:配种月份减 3,配种日期数加 6。

例1　某牛于2018年8月18日配种，预产期推算：预产月份为8–3=5（月），预产日期为18+6=24（日），则该牛的预产日期为2019年5月24日。

例2　某牛于2018年1月28日配种，预产期推算：预产月份为（1+12）–3=10（月），预产日期为28+6=34（日），因其超过30日，将预产月份延后1个月，即由10月调整为11月，则该牛的预产日期为2018年11月4日。

3. 妊娠诊断方法

母牛的妊娠诊断法包括外部观察法、触诊法、阴道检查法、直肠检查法、超声波探测法和孕酮检测法等。

（1）外部观察法　母牛妊娠后，一般外观表现为发情周期停止，食欲增进，营养状况改善，毛色润泽光亮，性情变得温顺，行为谨慎安稳等。

妊娠5个月后，腹围增大，右侧腹壁突出，乳房胀大，下腹部和后肢水肿。

妊娠6个月后，在腹壁右侧最突出部分可以观察到胎动，饮水后比较明显。

妊娠7个月后，隔着腹壁可以触诊到胎儿，胎儿胸壁紧贴母牛腹壁时，可以听到胎音。

妊娠8个月后，可以看到胎儿活动所造成的母牛腹壁的颤动。

由于外部观察法不能早期确诊，而且诊断的准确性存在一定偏差，只能作为妊娠诊断的辅助方法。

（2）触诊法　早晨饲喂之前，用弯曲的手指节或拳在母牛右膝腹壁的前方、肷部下方，推动腹壁来感触胎儿的"浮动"。

牛腹壁松弛较易看到胎动，通常是在背中线右下腹壁出现周期性、间隙性的膨出，在腹壁软组织上可感触到一个大的、坚实的物体撞击腹壁。

大约10%～50%的母牛于妊娠6个月、70%～80%的母牛于妊娠7个月、90%以上的母牛于妊娠9个月可感触到或出现胎动。

（3）阴道检查法　主要观察母牛阴道黏膜的色泽、干湿状况、黏膜性状（黏稠度、透明度及黏膜量），子宫颈形状位置等来判断是否妊娠。

母牛怀孕3周后，阴道黏膜由未孕时的淡粉色变为苍白色，没有光泽，表面干燥，同时阴道收缩变紧。以开张器打开阴道时，黏膜为白色，几秒钟后即变为粉红色为怀孕症状；未孕者黏膜为粉红色或苍白，由白变红的速度较慢。

妊娠3～4个月，黏液开始明显增多，并变得黏稠，如稀糨糊状，呈灰白色或灰黄色。妊娠6个月，变得稀薄而透明，有时排出阴门外，黏附在阴门和尾巴上。

（4）直肠检查法　直肠检查时，以检查子宫角的形态、质地变化和卵巢有无黄体存在为主，同时注意有无胚泡的存在及了解其大小形状、位置和性状等情况。

若妊娠时间较长，则要注意子宫的位置和胚泡或胎儿的状态，同时注意卵巢的位置变化和触诊子宫动脉的波动情况。

① 配种19～22天，子宫勃起反应不明显，卵巢上有体积较大的黄体存在，怀疑为妊娠。

如果子宫勃起反应明显，没有明显的黄体存在，且一侧卵巢上有大于 1cm 的卵泡，说明正在发情；或者卵巢局部有凹陷，质地较好，则可能是刚排卵，均表示未孕。

② 妊娠 30 天，孕侧卵巢有发育完善的妊娠黄体存在，突出于卵巢表面，体积增大，且质地稍硬。

两子宫角明显不对称，孕角较空角稍增大，质地变软，有液体波动感，孕角最膨大处子宫壁较薄，空角较硬而有弹性，弯曲明显，角间沟清楚。用手指轻握孕角从一端向另一端轻轻滑动，可感到胎膜囊由指间滑过，或用拇指及食指轻轻捏起子宫角，然后稍放松，可以感到子宫壁内有一层薄膜滑开，这是尚未附植的胚囊。

③ 妊娠 60 天，胎水明显增多，孕角比空角约粗一倍，较长，且向背侧突出，两角大小显然不同。孕角内有波动感，手指按压时有弹性，角间沟不甚清楚，但仍能分辨，可以触摸到全部子宫。

④ 妊娠 90 天，孕角显著粗大，如排球大小，波动明显，开始沉入腹腔，子宫颈向前移至耻骨前缘，初产牛子宫下沉时间较晚。角间沟触摸不清楚，有时可以触及漂浮在子宫腔内如硬块的胎儿。

⑤ 妊娠 120 天，子宫像口袋一样垂入腹腔，子宫颈越过耻骨前缘，触摸不清子宫的轮廓状，只能触摸到子宫内侧及该处明显突出的子叶，形似蚕豆或小黄豆，偶尔可摸到胎儿。子宫脉的妊娠脉搏明显，可感觉。

⑥ 妊娠 150 天，全部子宫增大沉入腹腔底部，由于胎儿迅速发育增大，能够清楚地触及胎儿。此期子宫子叶大如胡桃、鸡蛋，子宫动脉变粗，妊娠脉搏十分明显，空角侧子宫动脉尚无或有妊娠脉搏，摸不到卵巢。

⑦ 妊娠 180 天至分娩前，胎儿增大，位置移至骨盆前，能触及到胎儿的各部位，并感觉到胎儿两侧子宫动脉均有明显的妊娠脉搏。

（5）超声波探测法 用超声波探测器的探头扫描母牛的下腹部，或插入直肠，收集胎儿血管、脐带和心脏中的血液流动情况。妊娠 30 天可以探测出子宫动脉反应，妊娠 40 天以上可以探测出胎心音。该方法准确率较高，不过需要强调的是，有时候也会因为子宫炎症等因素干扰，测定结果出现偏差。

（6）孕酮检测法 母牛怀孕后，血液中孕酮含量显著增加，因此，可用放射免疫法或蛋白结合竞争法测定血浆中孕酮的含量，以判定母牛是否妊娠。

母牛配种 19～24 天，每 1mL 血液中孕酮含量大于 7.0 纳克（ng）为妊娠，小于 5.5ng 为未孕，介于二者之间为可疑。

八、肉牛分娩接产技术

1. 接犊前的准备

（1）牛舍及用具准备

① 牛舍准备：产犊工作开始前 3～5 天，应把分娩舍打扫干净，并用 3%～5%的苛性钠（烧碱）水或 2%～3%的来苏水彻底消毒。

② 用具准备：台秤、产犊登记簿、产科器械、来苏水、碘酒、酒精（75%乙醇）、高锰酸钾、药棉、消毒纱布、强心剂、镇静剂、垂体后叶素等。

（2）饲草饲料准备 应准备好充足的青干草，多汁饲料和适当的精料，一般母牛在产犊期间每天应补饲优质干草、多汁饲料以及混合精料若干。

2. 临产母牛的特征

（1）乳房 临近分娩前数天，乳房迅速发育，胀大明显（图4-27），腺体充实，乳头皮肤出现蜡状。

某些母牛乳房底部水肿，临产前4～5天可挤出少量清亮胶状液体或乳汁；临产前2天乳头充满白色初乳；甚至出现漏奶现象，漏奶开始后数小时至1天即可分娩。

（2）外阴 临近分娩前数天，阴唇柔软、肿胀（图4-28）、增大，黏膜潮红、稀薄滑润，子宫颈松弛。子宫颈管的黏液软化流入阴道，或吊在阴门外呈半透明的索状，即所谓的"吊线现象"。

（3）骨盆 骨盆及荐髂韧带松弛，荐骨活动性增大，尾根两端只能摸到一堆软骨组织，荐骨两旁的组织及臀部肌肉塌陷（图4-29），骨盆血流量增多。

图4-27 乳房胀大

图4-28 外阴水肿

图4-29 尾根塌陷

（4） 食欲下降，排泄量少而次数增多，行为谨慎，僻静离群。临产前2～3h，精神不安、哞叫、回顾腹部，坐立不安。

（5）体温 妊娠7个月开始，体温逐渐升高，妊娠后期可以达到39℃。产前7～8天，可以缓慢增高到39～39.5℃，分娩前12h，体温会突然下降0.4～0.8℃。

3. 产犊过程与正常接产

产犊前，用温水将母牛乳房、尾根、外阴部及肛门洗净，并用1%的来苏水消毒。

母牛正常分娩时，在羊膜破后30min至4h，犊牛即可产出，先看到前肢的两个蹄，随后是嘴和鼻，头部紧靠在两前肢的上面。露出犊牛头顶就可以初步判定为顺产，当肩部排出后，阵缩和努责较缓和，其余部分便迅速排出，仅胎衣仍留在子宫内。

若是产双犊，两个犊牛会间隔一定时间才先后产出。因此，当母牛产出第一个犊牛后，需要检查是否还有第二个犊牛，方法是用手掌在母牛腹部前方适当用力上推，若触到光滑胎体，说明还有第二个犊牛。

需要说明的是，若双生的犊牛性别为一公一母，母犊往往生殖器官或腺体发育不完全，不能留作种用，必须淘汰。

4. 难产处理

母牛出现难产时，助产人员应迅速剪短、磨光指甲，手臂用肥皂水洗净，再用高锰酸钾消毒并涂上润滑剂，准备助产。

如遇胎儿过大，可采取两种方法助产：一种方法是用手随母牛努责，一手握住胎儿两前蹄，一手扶头慢慢用力拉出；另一种方法是，随母牛努责，用手向后上方推动母牛腹部，这样反复几次即可产出。

如遇胎位不正，可将母牛后躯垫高，将胎儿露出部分推回，手伸入产道摸清胎位，慢慢帮助纠正成顺位，然后随母牛努责将胎儿拉出。

5. 犊牛护理

（1）保证呼吸畅通 胎儿产出后，应立即擦净口腔和鼻腔内的黏液，观察呼吸是否正常。如果无呼吸应立即用草秆刺激鼻黏膜，或用氨水棉球放在鼻孔上，诱发犊牛呼吸反射，也可将胶管插入鼻腔及气管内，吸出黏液及羊水，还可进行人工呼吸。

（2）脐带处理 犊牛娩出时，脐带一般会被扯断。脐带被剪断之前应在基部涂上碘酒，或以细线在距脐孔 3cm 处结扎，向下隔 3cm 再打一线结，在两结之间涂以碘酒后，用消毒剪剪断，也可采用烙铁切断脐带。

（3）擦干犊牛体表 可让母牛舔干犊牛身上的黏液，或者用毛巾将犊牛身上的羊水擦干，天气寒冷时尤其要注意，并做好保温工作。

（4）尽早吃初乳 待体表被毛干燥后，犊牛即试图站立，此时即可帮助其吮乳。吮乳前先从乳头内挤出少量初乳，擦洗净乳头，令犊牛自行吮乳，对于母性不强者，应辅助犊牛吮乳。

（5）检查排出的胎膜 胎膜排出后，应检查是否完整，并从产房及时移出，防止母牛吞食。

九、母牛同期发情技术

母牛同期发情技术是指利用激素人为控制并调整全群母牛的发情周期，使其在特定的时间内集中表现发情、集中配种、集中产犊。

1. 同期发情药物

（1）孕激素类药物 抑制卵泡生长发育，经过一段时间后同时停药，引起母牛同期发情，如孕酮、醋酸甲羟孕酮、氟孕酮、氯地孕酮、甲地孕酮和18-甲基炔诺酮等，生产中常以孕酮阴道栓（图 4-30）或孕酮缓释剂形式应用。这类药物的用药期分为长期（14～21 天）和短期（8～12 天）两种，一般不超过一个正常发情周期。

 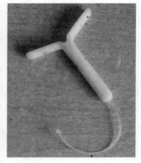

图 4-30　孕酮阴道栓

图 4-31　氯前列醇钠

(2) 前列腺素类药物　加速黄体消退，导致母牛发情，如前列腺素、氯前列醇钠等（图 4-31）。这类药物只用于处于黄体期的母牛。

(3) 促性腺类药物　促进卵泡生长发育和成熟排卵的制剂，如孕马血清促性腺激素、人绒毛膜促性腺激素、垂体促卵泡素、促黄体素和氯地酚等。

2. 同期发情处理

(1) 阴道栓塞法

① 将泡沫塑料、棉团灭菌后，浸吸一定量药液，塞于子宫颈附近，药液不断被阴道黏膜所吸收，经过 9～15 天后取出撤栓。

② 孕激素的种类与参考剂量　18-甲基炔诺酮 100～150mg、醋酸甲羟孕酮 120～200mg、甲地孕酮 150～200mg、氯地孕酮 60～100mg、孕酮 400～1000mg。

③ 经过孕激素处理后的母畜在第 2～4 天发情。若进行一次输精，则在处理结束后 56h 进行；若进行二次输精，则分别在处理结束后 48h、72h 进行。

(2) 子宫灌注法　肉牛子宫灌注 15-甲基前列腺素或前列腺素甲酯 1～2mg，或氯前列烯醇 0.1～0.2mg，效果良好，大多数集中在 3～5 天内排卵。

(3) 肌内注射法

① 每日将定量药物做皮下或肌内注射，经一定时期后停止给药。例如，母牛肌内注射前列腺素 $F_{2\alpha}$（$PGF_{2\alpha}$）20～30mg（以 25mg 最为常用），氯前列烯醇 300～500mg。

② 若进行一次输精，则在处理结束后 84h 进行；若进行二次输精，则分别在处理结束后 72h、96h 进行。

(4) 埋植法　将药物埋植于母牛皮下（一般为耳背皮下），经一定天数后取出，使药物被缓慢吸收，具体操作如下。

将 18-甲基炔诺酮 20～40mg 与等量磺胺结晶（PMSG）混合，研磨成粉末，装入带小孔的塑料细管中，埋植于耳背皮下，经过 9～12 天后取出。为了加速黄体消退，可以在处理前肌注苯甲酸雌二醇 4～6mg。

十、母牛超数排卵技术

超数排卵就是利用促卵泡生长、成熟的激素或孕马血清等处理,从而改变母牛在一个发情期只排 1～2 个卵的状况,促使它在一个发情期内排出更多卵子。

1. 超数排卵药物

(1) 孕激素类药物 对于施行超排处理的母牛,采用孕激素作预处理,可以提高母牛对促性腺激素的敏感性,提高超排效果。

(2) 前列腺素类药物 前列腺素可以加速黄体消退,提高超排效果,但是这类药物不能与孕马血清促性腺激素同时使用。

(3) 促性腺类药物 促进卵泡生长发育和成熟排卵的制剂,能促进闭锁的有腔卵泡发育成熟并排卵。

2. 超数排卵处理

(1) FSH－前列腺素($PGF_{2\alpha}$)法

① 卵泡刺激素(FSH)的注射时间和剂量:以母牛发情之日计为 0 天,在第 9～13 天内肌内注射 FSH,连用 3～5 天,2 次/天,逐渐递减。

FSH 剂量为:如果使用国产的 FSH,经产奶牛 8.0～10mg,育成牛 6.0～8.0mg,递减差以 0.1～0.2mg 为宜;如果使用加拿大进口的 FSH,经产奶牛 300～400mg,育成牛 200～300mg,递减差以 10mg 为宜。

② 氯前列烯醇的注射时间和剂量:如果使用国产氯前列烯醇,在结束 FSH 注射的前 1 天上午、下午各肌内注射 2.5～3.5 支;如果使用英国进口的氯前列烯醇,则在结束 FSH 注射的前 1 天上午肌内注射 2.5mL。若采用子宫灌注,氯前列烯醇的剂量减半。

若在 FSH 注射结束之前母牛已经发情,则立即停止注射 FSH,以出现接受爬跨为发情的标志。母牛发情后 12h 进行第一次输精,之后每间隔 12h 输精 1 次,连输 2～3 次,剂量为常规人工输精的 2～3 倍。

(2) CIDR－FSH－前列腺素 $F_{2\alpha}$ 法 在奶牛发情的任意时间放入孕酮阴道栓(CIDR),计为 0 天,在第 9～13 天进行超排处理。

超排方法、输精方法与 FSH－前列腺素 $F_{2\alpha}$($PGF_{2\alpha}$)处理法相似,在最后 1 天注射 FSH 的上午取出 CIDR。本方法可用于乏情母牛的超排处理。

(3) PMSG－前列腺素 $F_{2\alpha}$ 法 将奶牛发情之日计为第 0 天,在第 9～13 天内,肌内注射 1 次 PMSG,剂量为 1500～3000IU。48 天后,肌内注射氯前列烯醇,国产剂量为 3～4 支,进口剂量为 2.5mL。

也可以事先用 CIDR 处理,按照上述方法进行超排,在注射氯前列烯醇 24h 后取出 CIDR。

(4) PMSG－前列腺素 $F_{2\alpha}$－AntiPMSG 法 长期使用 PMSG,易引起卵巢囊肿、排卵时间不一致、持续发情等副作用。为消除这些副作用,在使用 PMSG－前列

腺素 $F_{2\alpha}$ 法超排处理后,第一次输精的同时,要肌内注射与 PMSG 等剂量的 AntiPMSG,其余操作不变。

十一、肉牛胚胎移植技术

胚胎移植主要包括供体和受体的选择及同期发情处理,供体的超数排卵,供体的发情鉴定与配种,胚胎的收集,胚胎的检查与鉴定、分级,胚胎的保存以及胚胎移植等程序。

1. 供体和受体的选择及同期发情处理

供体应具有高的育种价值、旺盛的生殖机能,对超数排卵反应良好;受体的头数应多于供体,具有良好的繁殖性能和健康状态,体形中上等。

供体和受体的发情时间相同或相近,前后不超过 1 天,可以采用前列腺素及其类似物进行同期发情处理。采用子宫灌注的剂量要低于肌内注射的剂量,在注射 $PGF_{2\alpha}$ 后 2h,配合注射 PMSG 或 FSH,可以明显提高同期发情效果。

2. 供体的超数排卵

(1) **FSH+PG 处理法** 在发情周期的第 9~13 天中的任意一天肌注 FSH,以递减剂量连续注射 4 天,每天注射 2 次(间隔 12h),总剂量按体重、胎次作适当调整,总剂量为 300~400 大鼠单位。

在第一次注射 FSH 后 48h 及 60h,各肌注一次 $PGF_{2\alpha}$,每次 2~4mg,若采用子宫灌注剂量可减半。

(2) **PMSG+PG 处理法** 在发情周期的第 11~13 天中的任意一天肌注 PMSG 一次,按 5IU/kg 体重确定 PMSG 总剂量。

在注射 PMSG 后 48h 及 60h,各肌注一次 $PGF_{2\alpha}$,剂量同 FSH 超排。母牛出现发情后 12h,再肌注抗 PMSG,剂量以能中和 PMSG 的活性为准。

3. 供体的发情鉴定和配种

供体大多数在超排结束后 12~48h 发情。发情鉴定以接受其它牛爬跨且站立不动为主要判定标准。每天早中晚至少观察 3 次。

由于超排处理后,排卵数较正常发情牛多且排卵时间不一致,精子和卵子的运行受到排卵处理的影响,因此,可采取增加输精次数和加大输精量的方法来提高受胎率。

一般在发情后 8~12h 输第一次精,以后间隔 8~12h 再输精一次,新鲜精液要优于冷冻精液。

4. 胚胎的收集

利用冲洗液将胚胎由生殖道中冲出,并收集在器皿中。

(1) **冲胚液、培养液的配制** 冲胚液和培养液在使用前都要加入血清白蛋白,含量一般为 0.1%~3.2%,也可用犊牛血清代替,需加热(56℃水浴 30min)灭活其中的补体，以利胚胎存活。

冲胚液血清含量一般为 3%（1%～5%），培养液血清含量为 20%（10%～50%）。

（2）胚胎的采集 胚胎的采集可以采用手术法和非手术法两种，牛多采用非手术法，一般在配种后第 7 天进行。不应早于排卵后的第 1 天，即最早要在发生第一次卵裂后（胚胎发育至 4～8 个细胞为宜），否则不易辨别卵子是否受精。

非手术法收集胚胎是利用二路式导管（图 4-32）冲卵器，二路式冲卵器是由带气囊的导管与单路管组成。导管中一路为气囊充气用，另一路为注入和回收冲卵液用。导管进入子宫颈后，扯去套膜。将导管插入一侧子宫角后，从充管向气囊充气，使气囊胀起并触及子宫角内壁，以防止冲卵液倒流。然后抽出通杆，经单路管向子宫角注入冲卵液，每次 15～50mL，冲洗 5～6 次，并将冲卵液收集在漏斗形容器中。此方法只能收集子宫角内的胚胎，但不能收集输卵管内的胚胎。

每侧子宫角需用冲卵液 100～500mL。冲卵结束后，为使供体正常发情，可向子宫内注入或肌注 $PGF_{2\alpha}$，为预防子宫感染，可向子宫内注入抗生素。

5. 胚胎的检查与鉴定、分级

（1）胚胎的检查 在 20～25℃ 的无菌操作室内，通过立体显微镜，观察胚胎的数量和质量，并进行活力评定（图 4-33）。

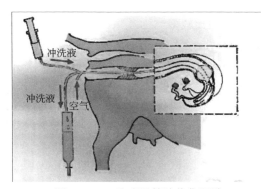

图 4-32 二路式导管法收集胚胎

图 4-33 检胚

冲胚结束后，静置 20～30min，弃去上液，将下部分冲胚液倒入平皿或表面皿；或者用带有网格（直径小于胚胎直径）的过滤器，放入冲胚液中，由上往下吸出冲胚液，最后检查剩余冲胚液中的胚胎。

（2）胚胎的鉴定、分级 检出的胚胎用吸胚器移入含有 20%犊牛血清杜氏磷酸缓冲液（DPBS）培养液中进行鉴定。目前鉴定胚胎质量和活力的方法有形态学鉴定、荧光活体染色法鉴定、代谢活性测定和胚胎分级等。

① 形态学鉴定：是目前鉴定胚胎最为广泛和实用的方法。方法为在 30～60 倍实体显微镜下或者 120～160 倍的生物学显微镜下，观察胚胎是否受精和发育程度。

如果透明带内有分布均匀的颗粒、没有卵裂球或细胞团，说明卵子没有受精。

受精卵的透明带要求完整、没有破损，卵裂球轮廓清晰，大小均匀，结构紧凑，细胞密度大，没有或只有少量游离的变性细胞，变性细胞的比例不超过10%。

桑葚胚：发情后第5~6天回收的卵，只能观察到球状的细胞团，分不清分裂球，占据透明带内腔的大部分。

致密桑葚胚：发情后第6~7天回收的卵，细胞团变小，占透明带内腔60%~70%。

早期囊胚：发情后7~8天回收的卵，细胞的一部分出现发亮的胚泡腔。细胞团占透明带内腔70%~80%，难以分清内细胞团和滋养层。

囊胚：发情后第7~8天回收的受精卵，内细胞团和滋养层界线清晰，胚泡腔明显，细胞充满透明带内腔。

扩张囊胚：发情后第8~9天回收的受精卵，胚泡腔明显扩大，体积增大到原来的1.2~1.5倍，与透明带之间无空隙，透明带变薄，相当于正常厚度的1/3。

孵育胚：一般在发情后9~11天回收的受精卵，由于胚泡腔继续扩张，致使透明带破裂，卵细胞脱出。

凡在发情后第6~8天回收的16细胞以下的受精卵均应列为非正常发育卵，不能用于移植。

② 荧光活体染色法鉴定：将二乙酸荧光素（FDA）加入待鉴定的胚胎中，培养3~6min，活胚胎显示荧光，死胚胎无荧光。这种方法比较简单，而且可验证上述形态学对胚胎做出的分类结果，因此，在生产上应用的也比较多。

③ 测定代谢活性法：通过测定胚胎的代谢活性，鉴定胚胎的活力。其方法是将待鉴定的胚胎放入含有葡萄糖的培养液中，培养1h后，测定葡萄糖的消耗量，每培养1h消耗葡萄糖2~5μg以上者为活胚胎。

应该注意的是在检胚及进行胚胎分类时，胚胎均应保持在不低于25℃的环境温度下。

④ 胚胎分级：胚胎的分级分为A、B、C级。

A级：胚胎形态完整，轮廓清晰，呈球形，分裂球大小均匀，结构紧凑，色调和透明带适中，无附着的细胞和液泡。

B级：轮廓清晰，色调和细胞密度良好，可见到一些附着的细胞和液泡，变性细胞约占10%~30%。

C级：轮廓不清晰，色调发暗，结构较松散，游离的细胞或液泡较多，变性细胞达30%~50%。

胚胎的等级划分还应考虑受精卵的发育程度。发情后第7~8天回收的受精卵在正常发育时应处于致密桑葚胚至囊胚阶段。凡在16细胞以下的受精卵及变性细胞超过1/2的胚胎均属等外。

6. 胚胎的保存

（1）常温保存　胚胎在15~25℃下，只能存活10~20h。采用含20%犊牛血清的DPBS保存液，可保存胚胎48h。

（2）低温保存　在 0~6℃下，胚胎细胞分裂暂停，代谢减慢，能保存数天。目前低温保存广泛采用改良的杜氏磷酸缓冲液（DPBS），其优点是 pH 稳定。

（3）冷冻保存　在干冰（-79℃）和液氮（-196℃）中保存。目前多在液氮中保存胚胎，主要采用逐步降温法。使用该方法的胚胎存活率高，但操作复杂。以下为其操作步骤。

① 胚胎的采集及鉴定。选择合格的桑葚胚或囊胚，在含有 20%犊牛血清的 DPBS 中冲洗两次。

② 加入冷冻液。在室温（20~25℃）条件下，分三步加入不同浓度的甘油（最终浓度 1.4mol），浓度依次为 3%、6%和 10%甘油的 DPBS 缓冲液，每一步要平衡 5~10min。

③ 装管和标记。装入塑料细管、封口、标记（供体号、编号、数量、等级、冷冻日期）。

④ 冷冻和贮存。在冷冻仪中，以 1~3℃/min 的速率从室温降至-7~-6℃，在此温度下诱发结晶，平衡 10min，然后以 0.3℃/min 的速率降至-38~-35℃，投入液氮中长期保存。

解冻和脱除抗冻剂。在 25~37℃水浴中进行解冻。解冻后的胚胎，按加入冷冻液时的甘油浓度，从高向低分三步或六步进行，每步 5~10min。最后将胚胎用不含抗冻剂的 20%血清 DPBS 冲洗 3~4 次，彻底脱除抗冻剂；或将解冻后的胚胎放入 0.5mol 或 1.0mol 的蔗糖溶液中平衡约 10min，再将胚胎在不含抗冻剂的 20%血清 DPBS 中清洗 3~4 次。

7. 胚胎的移植

胚胎的移植和胚胎的采集一样，也分为手术法和非手术法两种。

（1）手术法　在排卵侧的肷部做切口，若做两侧移植，则在腹部中线。

3 日龄以前的胚胎（8 细胞以前），应将吸有胚胎的细管由输卵管伞插入，直接注入壶腹部；5 日龄后的胚胎，应移植在距宫管结合部 5cm 处的子宫角顶端。

（2）非手术法　先采用直肠检查，确定黄体位于哪一侧和发育情况，然后握住子宫颈，将移植管（注射器连接导管或特制金属移植器）插入与黄体同侧的子宫角内，注入胚胎。

受体牛检查要求：受体牛发情时，直肠检查的卵泡直径在 10~20mm，发情后 36h 出现排卵。移植前检查黄体，其直径在 11~15mm，黄体的手感性好，质地软而充实。

受体牛的准备：将受体牛保定，清除粪便，肌注 2%静松灵 1mL 或用 2%的普鲁卡因 3mL，在 1~2 尾椎间进行硬膜外麻醉。清洗外阴，用高锰酸钾水冲洗消毒，用灭菌纸擦干，最后经酒精棉球消毒。

胚胎移植时可用 0.20mL 吸管分三段吸入 DPBS 保存液，中间由两个气泡隔开，中段含有胚胎。也可用气泡分成多段装管，胚胎在中段。一步吸管法解冻脱甘油后，用酒精棉球多次消毒吸管，剪去封口即可用于移植。

移植时动作要迅速准确，避免对组织造成损害。黄体发育不良的母牛最好不做受体用。受体移植胚胎后要密切注意其健康状况，留心观察它们在预定时间内的发情动态，60 天后通过直肠检查进行妊娠诊断。

第二节　肉羊繁殖实用技术

一、公羊采精

本技术适用于肉用绵羊与山羊的人工采精。

公羊一般 10 月龄开始训练采精，12 月龄开始配种。

1. 公羊采精调教

① 公羊和若干只健康母羊合群同圈，几天以后，种公羊就开始接近并爬跨母羊。

② 当其它种公羊配种或采精时，让其在旁"观摩"。

③ 每日按摩公羊睾丸，早晚各一次，每次 10～15min，有助于提高其性欲。

④ 注射丙酸睾丸素，隔日 1 次，每次 1～2mL，可注射 3 次，有提高性欲的作用。

⑤ 把发情母羊阴道分泌物或尿泥涂在种公羊鼻尖上，诱发其性欲。

⑥ 注意事项：

a. 对未与母羊交配过的公羊，只要性欲旺盛，在假台羊臀部、腰部涂抹发情母羊尿液，并人为晃动假台羊尾巴，公羊便爬跨、射精。

b. 对于反应迟钝的公羊，可使其爬跨有遮布的发情母羊，连续训练 2～3 天后，再把遮布围在假台羊臀部，公羊便能爬跨假台羊而采得精液。

c. 对与母羊交配过的公羊，可先让公羊爬跨有遮布的发情母羊。在公羊接触母羊时，助手将母羊头部固定遮掩，不让公羊接触母羊头部。用此法进行 2～3 次后，公羊便会爬跨母羊。

d. 利用假台羊采精的公羊应隔离圈养，不得再与母羊接触，不得听到母羊咩叫声。

2. 采精前的准备

（1）器材的准备

① 假阴道内胎先用 75%酒精擦拭后，待酒精挥发一会，用温水冲洗 2 次，再用生理盐水冲洗 2 次。

② 集精瓶及其它玻璃器皿的消毒及冲洗，方法与假阴道内胎相同。

③ 毛巾、擦布、桌布、过滤纸及工作服等各种备用物品，均应经高压灭菌器或在高压消毒锅内进行消毒。

④ 用凡士林蒸煮消毒，每日 1 次，每次 30min。

（2）假阴道的准备

① 安装：先把假阴道内胎（光面向里）放在外壳里边，把长出的部分（两头相等）

反转套在外壳上。固定好的内胎松紧适中、匀称、不起皱褶和扭转（图4-34）。在采精前1.5h，用75%酒精棉球消毒内胎（先里后外），备用。

② 注水：用漏斗从灌水孔注入55℃左右温水150～180mL，使假阴道内的温度保持在40～42℃之间，年轻羊温度可低些。灌水量以外壳与内胎之间容积的1/3～1/2为宜。

③ 加压：灌水后，塞上带有气嘴的塞子，用打气球压入适量的空气，关闭气嘴活塞。

④ 安装集精杯：将消毒冲洗后的集精杯插入假阴道的一端（图4-35）。当环境温度低于18℃时，在双层玻璃瓶下可灌入50℃的温水，使瓶内温度保持30℃左右。若环境温度超过18℃时，勿灌水。

图4-34　安装内胎（刘兴伟提供）

图4-35　安装集精杯（刘兴伟提供）

⑤ 涂润滑剂：用玻璃棒蘸取凡士林，从阴茎进口处涂抹一薄层于假阴道内胎上，深度为假阴道的1/3～1/2。

⑥ 调节内胎温度和压力：吹入适量的空气后，用酒精与生理盐水棉球擦过的温度计检查，使采精时假阴道内胎温度保持在40～42℃，如内胎温度合适，再吹入空气，调节内胎压力，即可用于采精。

3. 精液的采集

（1）采精操作

① 采精者蹲在台羊（图4-36）右后方，右手横握假阴道，气咔塞向下，使假阴道前低后高，与母羊骨盆的水平线约呈35～40°，紧靠台羊臀部。

② 公羊爬跨、伸出阴茎时，迅速用左手托住阴茎包皮，将阴茎导入假阴道内（图4-37）。当公羊猛力前冲，并弓腰后，则完成射精，全过程只有几秒钟。

图4-36　台羊

图4-37　采精

③ 随着公羊从台羊身上滑下时,顺势将假阴道向下向后移动取下,并立即倒转竖立,使集精瓶一端向下,然后打开活塞放气,取下集精瓶,并盖上盖子送操作室检查。

(2)采精频率 应根据配种季节、公羊生理状态等实际情况而定。在配种前的准备阶段,一般要陆续采精 20 次左右,以排出陈旧的精液,提高精液质量。在配种期间,成年种公羊每天可采精 1~2 次(间隔 5~10min),采 3~5 天,休息 1 天,必要时每天采 3~4 次。多次采精时要分上午和下午采精,让公羊有充分的休息时间。

二、精液品质检查

为了鉴别精液品质的优劣,对采出的精液应进行外观、活率、密度及畸形率等方面的系统检查,确定是否可用来人工授精或制作冷冻精液。这些检查项目可概括为如下两个方面。

1. 外观检查

此法是通过肉眼观察,根据羊精液的特性积累的实践经验,对其品质做出初步估计。

(1)色泽 精液采得后即刻观察,正常情况下为乳白色或灰白色,少数也有呈乳黄色的,其它颜色均为异常,如精液呈淡红色,表明混入血液,有可能是采精时误伤阴茎所致。精液发黄或发绿,可能混入尿液或脓液。精液灰色或棕褐色,表明生殖道内有可能被污染或混入某些感染物体。

(2)射精量 羊的采精量少,精液量可用有刻度的注射器械或指形管直接量出。公羊一次射精量平均为 1mL(0.5~1.5mL)。测定公羊射精量不宜凭一次观察值,而是以一定时期内多次射精量的平均值为准。射精量变动异常时,应检查采精技术,调整采精频率。

(3)气味 正常的精液一般无特殊气味或略带腥味,如若发现有腥臭味,则说明副性腺可能有炎症、腐败,这样的精液应废弃,并检查病因及时治疗。

(4)云雾状 这是羊精液的一个特点,因其射精量少,精液密度大,用肉眼观察采集的精液,可以看到由于精子活动所引起的翻腾滚动极似云雾的状态,由云雾的明显程度可以判断精子活力的强弱和密度的大小。

2. 显微镜检查

通过显微镜放大 200~600 倍,可检查精子活率、密度及形态,较为客观地评定精液质量。

(1)精子活率 用显微镜检查精子活率的方法是:用消毒过的干净玻璃棒取出原精液一滴或用生理盐水稀释过的精液一滴,滴在擦洗干净的、干燥的载玻片上,并盖上干净的盖玻片,盖时使盖玻片与载玻片之间充满精液,避免气泡产生。然后放在显微镜下放大 300~600 倍进行观察(图 4-38),观察时盖玻片、载玻片、显微镜载物台的温度不得低于 30℃，室温不能低于 18℃。

评定精子的活率，是根据直线前进运动的精子所占的比例来确定其活率等级的。在显微镜下观察，可以看到精子有三种运动方式：a.前进运动，精子的运动呈直线前进运动；b.回旋运动，精子虽然也在运动，但绕小圈子回旋转动，圈子的直径很小，不到一个精子的长度；c.摆动式运动，精子不变其位置，而是在原地不断摆动，并不前进。

图 4-38　镜检（姜雪梅提供）

除以上三种运动方式之外，往往还可以看到没有任何运动的精子，其呈静止状态。除第一种精子具有受精能力外，其它几种运动方式的精子不久即会死亡，没有受精能力，故在评定精子活率等级时，应根据在显微镜下直线前进运动的精子在视野中所占的比例来决定。如有 70%的精子做直线前进运动，其活率评为 0.7，以此类推。一般公羊精子的活率在 0.6 以上才能供输精用。

（2）精子密度　指在一定单位体积的精液（1mL）内含有的精子数目，是精液品质优劣的重要指标之一。优质精液的精子密度应介于 $2.0\times10^9\sim3.0\times10^9$ 个/mL 之间。

用显微镜检查精子密度的大小，其制片方法（用原精液）与检查活率的制片方法相同，通常在检查精子活率时，同时检查密度。公羊精子的密度分为密、中和稀三级。

密：精液中精子数目很多，充满整个视野，精子与精子之间的空隙很小，小于一个精子的长度，由于精子非常稠密，因此很难看出单个精子的活动情形。

中：在视野中看到的精子也很多，但精子与精子之间有着明晰的空隙，彼此间的距离相当于 1～2 个精子的长度。

稀：在视野中只有少数精子，精子与精子之间的空隙很大，约超过 2 个精子的长度。另外，在视野中如看不到精子，则以"0"表示。

公羊的精液含副性腺分泌物少，精子密度大，所以，一般用于输精的精液，其精子密度应至少是"中级"。

检查精子密度的方法有计数法和比色法两种。

① 计数法。借用血细胞检查中计算红细胞的方法来检查每毫升精液中所含的精子数，此法测定精子密度较为准确。操作步骤如下：

第一步，混匀精液，用红细胞吸管取精液至刻度 0.5（稀释 200 倍）或 1.0（稀释 100 倍）处；继续吸入 3%氯化钠溶液至刻度处，注意吸管内不能出现气泡，吸毕擦净吸管尖端。用拇指和食指按住吸管两端，上下翻转几次，使精液与氯化钠溶液充分混合。

第二步，检查前弃去吸管前端 4～5 滴稀释精液。

第三步，计算时盖上盖玻片，吸管尖沿空隙边缘滴下精液，顺盖玻片下面流入计算室，注意避免产生小气泡。

第四步，将显微镜调整到 400～600 倍，全视野覆盖计算室上 1 个大方格的刻线。计算室上共有 25 个大方格，计算的 5 个大方格取上、下、左、右、中各一个，即第

1、5、13、21、25 五个大方格。

第五步，记下 5 个方格内的精子数。计算时遇有压线精子，只计入精子头部压线的；其次 4 条边只计数上、左边压线精子。

第六步，将 5 大格内精子总数乘以 1000 万，即求得 1mL 原精液的精子密度；为减少误差，取两次样品计数平均值。

② 比色法。利用精子密度越高，其精液越浓，透光性越差的原理，使用光电比色计通过反射光或透射光检验精液样品中精子密度。羊精子密度的测定在生产上已普遍采用精子密度仪（图 4-39）。

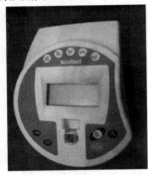

图 4-39　精子密度仪

测定时，首先将原精液稀释成不同比例，并用血球计计算其精子密度，制成标准管，用光电比色计测定其透光度，根据不同精子密度标准管的透光度，求出每相差 1% 透光度的极差精子数，制成精子查数表。测定精液试样时，将原精液按一定比例稀释，根据其透光度查对精子查数表，从表中找出精液试样的精子密度。

在利用此法测定精子密度时，应避免精液内的细胞碎屑、血细胞和副性腺分泌的胶状物等干扰透光性而造成误差。

(3) 精子畸形率　形态和结构不正常的精子称为畸形精子。精液中畸形精子的存在是正常的，但羊的畸形精子率一般不超过 15%，如果超过 20% 者，则会影响受精力，因而不能作输精或制作冷冻精液。

畸形精子的检查：可在载玻片上滴一滴精液做成抹片，然后用普通染色液美蓝或红、蓝墨水染色 3 分钟，水洗干燥后，置于高倍显微镜下检查。随机观察检查 500 个精子，看其中的畸形精子数，即可计算出畸形精子的百分率。

三、精液稀释

为了扩大精液的容量，提高一次射精可配母羊只数，在采得的精液中常添加按一定配方配制的稀释液，并进行适当保存使用。

1. 稀释液配方及配制方法

稀释液可以用糖类、奶类、卵黄、化学物质、抗生素及酶类等，将其按一定数量或比例配合。稀释液应对精子在体外生存有益无害，能延长保存时间，或在冷冻过程中保护精子免受冻害，提高冷冻后精子的存活力。

(1) 常温保存稀释液

① 绵羊的常温保存液

配方 1：葡萄糖 1.5g+柠檬酸钠 0.7g+卵黄 10mL，混合均匀。

配方 2：0.9% 的氯化钠溶液+卵黄 10mL，混匀。

在上述稀释溶液中加青霉素 1000IU/mL、双氢链霉素 1000μg/mL。

② 山羊的常温保存液

配方1：羊奶100mL、青霉素1000IU/mL、双氢链霉素1000μg/mL，煮沸消毒。

配方2：0.9%的氧化钠溶液90mL+新鲜卵黄10mL、青霉素100IU/mL、双氢链霉素1000μg/mL，煮沸消毒。

（2）低温保存稀释液

① 配方

配方1：葡萄糖3g，柠檬酸钠1.4g，蒸馏水80mL，鲜蛋黄20mL，青霉素、链霉素各10万IU。

配方2：葡萄糖0.97g，柠檬酸钠1.6g，磷酸氢钠1.5g，氨苯磺胺0.3g，蒸馏水100mL。

配方3：葡萄糖3g，柠檬酸三钠1.3g，乙二胺四乙酸二钠0.1g，蒸馏水100mL，硫酸卡那霉素1000IU。

② 配制方法：药品称量、稀释后，用滤纸过滤，高压消毒；待基础液温度降到40℃以下时，加入鲜蛋黄和抗生素。

鲜蛋黄的制备：洗净蛋壳并用酒精棉擦拭，待酒精挥发后打破蛋壳，倾出蛋白，蛋黄轻轻倒在滤纸上，注意不弄破蛋黄外膜，转动滤纸，使剩余蛋白吸收在滤纸上，用滤纸兜住蛋黄，将蛋黄液滴入烧杯内，用消毒过的玻璃棒打匀烧杯内蛋黄。

（3）冷冻稀释液

① 绵羊冷冻精液的稀释液配方

配方1：乳-卵-甘油液，乳糖10g+蒸馏水100mL，取其71.5mL，再加卵黄25mL、甘油3.5mL。

配方2：葡-乳-卵-甘油液，葡萄糖2.25g+乳糖8.25g+蒸馏水100mL，取其75mL，再加卵黄20mL、甘油5mL。

配方3：葡-柠-卵-甘油液，葡萄糖3g+柠檬酸钠3g+蒸馏水100mL，取其80mL，再加卵黄20mL，取其88mL，再加甘油12mL。

② 山羊冷冻精液的稀释液配方

配方1：果-乳-卵-甘油液，果糖1.5g+脱脂鲜奶10.5mL+蒸馏水100mL，取其93mL，再加甘油7mL。

配方2：葡-柠-T-卵-甘油液，葡萄糖1g+一水柠檬酸1.34g+Tris 2.42g+蒸馏水10mL，取其82mL，再加卵黄10mL、甘油8mL。

在以上的每个稀释液中均要加青霉素1000IU/mL，双氢链霉素1000μg/mL。

2. 精液稀释方法

（1）根据精液保存时间的要求，选择稀释液。

（2）确定稀释倍数。精液的稀释倍数取决于精子密度和计划输精母羊头数，一般以1~3倍为宜。

（3）按需要量吸取稀释液。吸取稀释液前最好先吸入少量稀释液清洗内壁，弃去后再正式吸入需要量的稀释液，顺瓶壁缓缓注入精液内，轻轻摇动混匀。

（4）精液稀释后应尽快使用。需要分装保存时，应在分装瓶上注明公羊号，采精时间，精子密度、活率和稀释倍数。

（5）高倍稀释。一般应分步完成，先低倍稀释，几分钟再做高倍稀释。

3. 精子活力的检查

检查精子活力时，应在37℃的温度下进行。

四、精液保存

精液保存的目的在于通过抑制精子代谢活动，延长精子存活时间，而不降低受精能力。一般有常温（18～25℃）和低温（0～5℃）液态精液保存和冷冻精液保存。

1. 常温（18～25℃）保存

精液稀释后，马上用于输精，保存时间不要超过1天。

2. 低温（0～5℃）保存

精子的代谢活动随着温度的降低而逐渐减弱，降至10℃以下时基本上受到抑制。现行保存方法是，将稀释精液由30℃降至0～5℃，保存到使用时为止，保持温度不变。保存精液时温度回升后，精子恢复正常代谢，不丧失受精能力。在羊人工授精中，应用低温保存技术，远距离运送精液，扩大输精范围，实现集中采精，流动输精，送精到户，就地配种。同时，也可以最大限度地利用优秀种公羊，提高羊改良效果。

具体操作过程如精液运送前分装小瓶（如青霉素小瓶等），此时应装满，将胶盖盖紧，外用胶布封牢。运送前精液小瓶应用纱布或棉花包裹，以防运送途中温度剧烈变化和相互撞击。放入0～5℃的冰瓶内运输。

3. 精液冷冻和保存

（1）**器械消毒** 采精前一天清洗各种器械（先以肥皂水清洗，再以清水冲洗3～5次，最后用蒸馏水冲洗，晾干）。玻璃器械采用干燥箱高温消毒，其余器械用高压锅或紫外线灯进行消毒。

（2）**待冷冻用的鲜精品质检查** 各项指标正常或良好，其中密度应在2.0×10^9个/mL以上，活率在0.7以上。

（3）**稀释倍数** 根据大量的研究与实践，绵、山羊精液在冷冻之前的稀释比例一般为1：（1～3）。

（4）**稀释方法** 两步稀释法：先用不含甘油的稀释液初步稀释后，冷却到0～5℃，再用已经冷却到同温度的含甘油稀释液做第二次稀释。

一步稀释法：把含有甘油的稀释液在30℃时一次对精液进行稀释。

（5）**冻前的降温和平衡** 经含甘油的稀释液稀释后的精液，放入3～5℃的冰箱内平衡2～4h。但稀释后的精液冷却到平衡温度的速度不能过快，一般应用1h的时间降至3～5℃。所以稀释液与精液等温稀释后，应将装精液的容器放在等温的水浴杯内，然后放入冰箱，缓慢降温。亦可将等温稀释后的精液用脱脂棉花和纱布紧紧包裹好，放入冰箱让其缓慢降温，以防温度突然下降造成冷休克。

所谓精液的"平衡"，是指精液在降温后冷冻前在稀释液中停放一段时间，使稀释液中的物质与精细胞之间相互作用，以达到精细胞内部和外部环境之间物质的平衡。而平衡时间目前多数在 3h 左右。毛凤显研究指出，波尔山羊精液平衡采用温水水浴降温优于纱布包裹，而且以 4h 降温效果最好。

（6）精液的分装和剂型　凡作冷冻保存的精液均需按头份进行分装。目前，广泛应用的剂型为细管型、颗粒型和安瓿型三种，且以细管型为主，将取代其它剂型。如果是在平衡温度中进行精液的分装，必须注意防止精液温度的回升。

① 细管型：以长 125～133mm、容量为 0.25mL 或 0.5mL 的各种颜色聚氯乙烯复合塑料细管，通过吸引装置将平衡后的精液进行分装，用聚乙烯醇粉末、钢珠或超声波静电压封口，置液氮蒸气上冷冻，再浸入液氮中保存。

细管型精液具有许多优点：适于快速冷冻，精液细管内径小，每次冻制细管数多，精液受温均匀，冷冻效果好；精液不在外暴露，可直接输入羊子宫内，因而不受污染；剂量标准化，标记明显，精液不易混淆；容积小，便于大量保存，精液损耗小；输精母羊受胎率高。

② 颗粒型：将精液滴冻在经液氮冷却的塑料板或金属板（或网）上，制得体积为 0.1mL 的颗粒，也可以将精液直接滴入干冰洞穴中。此种剂型的优点是方法简便，易于制作，成本低，体积小，便于大量贮存。但是缺点较多，如剂量不标准，精液暴露在外易受污染，不易标记，易混淆，大多需要解冻液解冻。故目前多不采用。

（7）冷冻精液的分装入库和保存管理

① 质量检测：每批制作的冷冻精液都必须抽样检测，一般要求精子活率应在 0.3 以上，有效精子 1000 万个（可定期抽检），凡不符合上述要求的精液不得入库贮存。

② 分装冻精：一般按 30～50 管分别装入 1 个纱布袋。

标记每袋精液应标明公羊品种、羊号、生产日期、精子活率及数量，再按照公羊号将精液袋装入液氮罐提筒内，浸入、固定在液氮罐内贮存。

取用冷冻精液应在广口液氮罐或其它容器内的液氮中进行。特别注意冷冻精液每次脱离液氮时间不得超过 5s。

③ 贮存：贮存冻精的液氮罐应放置在凉爽、干燥、通风和安全的库房内。由专人负责，每隔 5～7 天检查一次罐内的液氮容量，当剩余的液氮为容量的 2/3 时，应及时补充。要经常检查液氮罐的状况，如发现外壳有小水珠、挂霜或者发现液氮消耗过快时，说明液氮罐的保温性能差，应及时更换。

记载每次入库或分发、补充液氮的数量及耗损报废的冷冻精液数量等，必须如实记载清楚，并做到每月结算一次。

（8）解冻方法　颗粒冻精的解冻方法，一般分为干解冻法和湿解冻法。

① 干解冻法：将一粒精液放入灭菌小试管中，置于 60℃水浴中，快速融化至 1/3 颗粒大时，迅速取出在手中轻轻搓动至全部融化。

② 湿解冻法：在电热杯 65～70℃高温水浴中解冻。用 1mL 2.9%柠檬酸钠解冻液冲洗已消毒过的试管，倒掉部分解冻液，管内留 0.05～0.1mL 解冻液时进行湿解冻。每次分别解冻两粒，轻轻摇动解冻试管，直至冻精融化到绿豆粒大时，迅速取出置于手中揉搓，借助手温至全部融化，解冻后的精液立即进行镜检，凡直线运动的精子达 35%以上者，均可用于输精。

五、母羊发情鉴定技术

本技术适用于肉用绵羊与山羊的发情鉴定。

1. 母羊的初情期

初情期是指母羊初次发情和排卵的时期，绵羊的初情期一般为 6～8 月龄，山羊一般为 4～6 月龄。

2. 适配年龄

一般应以体重为依据，即体重达到正常成年体重的 70%以上时开始配种。

一般山羊在 6～7 月龄即可配种，奶山羊最好达 12 个月开始初配；绵羊一般在 1 周岁配种较为适宜。

杜泊羊、澳洲白羊一般 10～12 月龄，体重 55～60kg 初配；夏洛来羊一般 12 月龄，体重 60～75kg 初配；湖羊一般 10 月龄左右，体重 40kg 初配。

3. 发情季节

绵羊和山羊多为短日照季节性多次发情，且以秋季发情旺盛，即夏末和秋季发情。但小尾寒羊及湖羊可常年发情。

4. 发情周期

一次发情开始至下一次发情开始间隔的天数为一个发情周期。绵羊的发情周期一般为 15～18 天，平均 17 天，山羊一般为 21 天，不同品种存在一定差异。

5. 发情持续时间

发情持续时间为 24～48h。

6. 母羊发情鉴定方法

母羊的发情鉴定一般采用试情法和外部观察法。

（1）试情法

① 试情公羊的准备：拴系试情布（图 4-40）；给试情公羊腹下拴系试情布（40cm×35cm）（图 4-41），以阻止阴茎伸入母羊阴道。每天要及时更换和清洗试情布。

输精管截除：切开公羊阴囊，截除输精管 4～5cm。术后 6～8 周，待输精管内的精子全消失后可用于试情。

阴茎移位：通过手术剥离阴茎部分，其缝合在偏离原位置约 45°的腹壁上，待切口完全愈合后即用于试情。

图 4-40　试情布

图 4-41　系好试情布

② 试情公羊的管理：试情公羊应单圈喂养，注意试情公羊营养状况和健康状态。公羊每隔 5～7 天排精一次，隔 1 周左右休息 1 天，或经 2～3 天后换试情公羊。

③ 试情操作：试情公羊和母羊的比例以 1∶40～1∶50 为宜，最好每天试情 2 次，即早晚各一次将试情公羊赶入母羊圈内（图 4-42）。发情前期的母羊会主动前来接近公羊，但不接受爬跨。发情旺期的母羊不仅会主动接近公羊，频频摆尾（图 4-43），而且还接受公羊的挑逗或爬跨，静立不动。

图 4-42　试情

图 4-43　发情羊摆尾

（2）外部观察法　山羊的发情表现较绵羊明显，可使用外部观察法进行鉴定。

① 外阴部及阴道充血、肿胀（图 4-44）、松弛，并有黏液排出。

② 山羊发情时，兴奋不安，食欲减退，反刍停止，大声鸣叫，爬墙，时有摇尾表现。

③ 当用手按压其臀部时，摇尾更甚。放牧时常有离群现象，根据以上症状的明显与否，判断发情的时期和程度。

图 4-44　外阴红肿

六、母羊人工输精技术

本技术适用于肉用绵羊与山羊的人工输精。

1. 输精时间和输精次数

将经鉴定为发情的母羊，立即对其输精，相隔 10~12h 再输精一次，直至发情终止。山羊最好在发情开始后约 12h 输精，如第二天仍在发情，应再输精一次。用冷冻精液解冻后输精，一般应一天输两次。

2. 输精标准

（1）鲜精　鲜精 0.1~0.3mL，要求密度在 2×10^9 个/mL 以上，活率在 0.7 以上。

（2）颗粒精液　解冻后精子活率不低于 0.3，输精量为 0.2mL，每一输精剂量中含活精子数不少于 0.9 亿个。

（3）细管精液　解冻后精子活率在 0.35 以上，输精量为 0.25mL，每一输精剂量中含活精子数不少于 0.7 亿个。

3. 输精前的准备

输精器：在吸入 75%酒精消毒后，吸入蒸馏水冲洗 2 遍，再用生理盐水冲洗 2 次。

金属开膣器：可先用 75%酒精棉球或用 0.1%高锰酸钾溶液消毒，消毒后放在温（冷）开水中冲洗一次，再放在生理盐水中冲洗一次；也可用火焰消毒。

4. 输精操作

可采用倒立式输精方法。

（1）固定母羊　即助手两腿固定（夹住）母羊头颈部，双手倒提母羊后腿，倾斜度一般为 40°左右（图 4-45）。

（2）母羊外阴的清洗消毒　输精员左手提尾，先将母羊外阴部用来苏水溶液消毒（图 4-46），再用生理盐水洗，擦干（图 4-47）。

图 4-45　保定

图 4-46　消毒

（3）输精

① 成年羊用开膣器法输精：先将开膣器插入，寻找子宫颈口（图 4-48）。子宫颈口的位置不一定正对阴道，但其附近黏膜的颜色较深，容易找到。成年母羊阴道松弛，开膣器张开后容易挤入黏膜，注意不要损伤。

第四章 繁殖实用技术   127

图 4-47 擦干　　　　　　　图 4-48 输精

② 处女羊用阴道法输精：将吸好精液的金属输精器，沿着母羊背侧缓缓插入阴道，边捻边推，交叉进行，动作要轻，推进时如遇一定阻力应回抽点，微偏一定角度，重新捻推动作。插入深度一般在 14～18cm，插入阴道底部以后，持续 2～3 分钟抽动，然后插到底部，回抽一点，缓缓挤进精液（主要防止输精器头部挤压在阴道皱襞上，精液无法输入），捏紧橡胶塞，轻轻取出输精器，再保持母羊倒提 5～10 分钟，输精完毕。

七、母羊妊娠诊断技术

本技术适用于肉用绵羊与山羊的早期妊娠诊断。

1. 羊的妊娠期

一般为 5 个月左右，但因品种、胎次、年龄、单双羔、饲养管理条件等因素而略有差异。

2. 预产期推算

预产期推算方法是：配种月份加 5，配种日期数减 2。

例 1　某羊于 2019 年 2 月 18 日配种，它的预产期为：2+5=7（月）预产月份；18-2=16（日）预产日期；即该羊的预产日期为 2019 年 7 月 16 日。

例 2　某羊于 2019 年 11 月 8 日配种，它的预产期为：(11+5)-12=4（月）（超过 12 个月，说明该羊分娩年份在第二年，应将该数减去 12，余数就是来年预产月份）；8-2=6（日）预产日期；即该羊的预产期是 2020 年 4 月 6 日。

3. 妊娠诊断方法

（1）外部观察法　母羊妊娠后，一般外观表现为发情周期停止，食欲增进，营养状况改善，毛色润泽，性情变得温顺，行为谨慎安稳，腹部逐渐变大，乳房也逐渐胀大。

（2）直肠上腹壁触诊法

① 操作：母羊在触诊前应停食一夜。触诊时，先将母羊仰卧保定，用肥皂水灌肠，排出直肠粪便，然后将涂润滑剂的触诊棒（直径 1.5cm，长 50cm，前端弹头形，光滑

的木棒或塑料棒）插入肛门，贴近脊柱，向直肠内插入 30cm 左右，然后一手把棒的直肠外端轻轻下压，使直肠内一端稍微挑起，以托起胎胞，同时另一手在腹壁触摸，如能触及块状实体为妊娠，如摸到触诊棒，应再使棒回到脊柱处反复挑起触摸，如仍摸到触诊棒，即为未孕。以此法检查，胎儿日龄越大，准确率越高。

② 准确率：配种后 60 天的孕羊，准确率可达 95%，85 天以后为 100%。

③ 注意事项：检查应注意防止直肠损伤，配种 100 天以后的母羊要慎用。

（3）阴道检查法

① 阴道黏膜变化：母羊怀孕 3 周后，阴道黏膜由未孕时的淡粉色变为苍白色，没有光泽，表面干燥，同时阴道收缩变紧，以开张器打开阴道时，黏膜为白色，几秒钟后即变为粉红色者为怀孕症状，未孕者黏膜为粉红色或苍白，由白变红的速度较慢。

② 阴道黏液：孕羊的阴道黏液量少且透明，开始稀薄，20 天后变稠，能拉成线。如量多、稀薄、色灰白而呈脓样者多为未孕。

③ 子宫颈：孕羊子宫颈紧缩关闭，其阴道部变为苍白，有糨糊状的黏液块堵塞于子宫颈口，称为子宫栓（或子宫塞）。

（4）超声波探测法

① 操作：用超声波探测器的探头扫描羊的下腹部，或插入直肠，收集胎儿血管、脐带和心脏中的血液流动情况。

② 准确率：对妊娠 60 天前后的绵羊准确率达 95%～97%，未孕羊测定的准确率为 93%。

（5）孕酮水平测定法　母羊怀孕后，血液中孕酮含量显著增加，用放射免疫法或蛋白结合竞争法测定血浆中孕酮的含量，以判定母羊是否妊娠。绵羊孕羊（20～25 天）每 1mL 血浆中孕酮含量大于 1.5ng，山羊大于 2.0ng。

八、母羊分娩接产技术

本技术适用于肉用绵羊与山羊的分娩与助产。

1. 接羔前的准备

（1）羊舍及用具准备

① 羊舍准备：产羔工作开始前 3～5 天，应把分娩羊舍打扫干净，并用 3%～5% 的碱水或 2%～3% 的来苏水彻底消毒。

② 用具准备：秤、产羔登记簿、产科器械、来苏水、碘酒、酒精、高锰酸钾、药棉、消毒纱布、强心剂、镇静剂、催产素等。

（2）饲草饲料准备　应准备好充足的青干草、多汁饲料和适当的精料，一般母羊在产羔期间每天应补饲优质干草、多汁饲料 1.5～2.0kg，混合料 0.3～0.5kg。

2. 临产母羊的特征

母羊临产时，乳房很大，乳头下垂，阴门肿胀潮红，有时流出浓稠黏液，排尿次数增加,肷窝下陷,行动困难,食欲减退,起卧不安,时常回顾腹部,放牧时掉队或离队,有时用脚刨地,不时鸣叫。当发现母羊卧地、四肢伸直、努责时,应立即送入产仔室。

3. 产羔和接产

产羔前首先将母羊乳房周围及后肢内侧的羊毛剪净,以免产后污染乳房,再用温水将母羊乳房、尾根、外阴部及肛门洗净,并用1%的来苏水消毒。

母羊正常分娩时,在羊膜破后几分钟至30min,羔羊即可产出。产出时先看到前肢的两个蹄,随后是嘴和鼻,头部紧靠在两前肢的上面,到头顶露出后羔羊就可顺利产出。

若是产双羔,一般先后间隔5~30min,偶尔也有数小时以上者,因此,当母羊产出第一只羔羊后,必须检查是否还有第二只羔羊,方法是用手掌在母羊腹部前方适当用力上推,如系双羔,可触到光滑羔体。

4. 难产处理

母羊出现难产时,助产人员应迅速剪短、磨光指甲,手臂用肥皂水洗净,再用高锰酸钾消毒并涂上润滑剂,助产。如遇胎儿过大,可采取两种方法助产:

① 用手随母羊努责,一手握住胎儿两前蹄,一手扶头慢慢用力拉出。

② 随母羊努责,用手向后上方推动母羊腹部,这样反复几次即可产出。如遇胎位不正可将母羊后躯垫高,将胎儿露出部分推回,手伸入产道摸清胎位,慢慢帮助纠正成顺位,然后随母羊努责将胎儿拉出。

5. 假死羔的处理

羔羊出生后,身体发育正常,心脏仍有跳动,但不呼吸,这种情况叫假死。羔羊假死可采取以下方法使羔羊复苏:

① 提起羔羊两后肢,使羔羊悬空,并拍其背、胸部;

② 两手分别握住羔羊的前后肢,向前向后慢慢活动;

③ 让羔羊平卧,用两手有节律地推压胸部两侧;

④ 往鼻腔内吹气,短时假死的羔羊经过处理后,一般都能复苏。

九、母羊同期发情技术

利用激素或其它物质人为控制并调整全群母羊发情周期,使它们在特定时间内集中发情,达到集中配种、产羔的目的。本技术适用于羊的同期发情。

母羊同期发情的方法主要有以下4种。

1. 孕激素+孕马血清促性腺激素(PMSG)处理法

(1)口服法 每日将一定量的孕激素类药物均匀地拌在饲料内,让母羊采食服用,持续12~14天,最后一天停药后,随即注射孕马血清400~750IU。

(2)阴道海绵栓法 将浸有孕激素的阴道海绵栓放在母羊子宫颈外口,一般10~14天后取出,同时肌内注射PMSG 400~500IU,经30h左右即开始发情。不同种类药物的用量是:孕酮400~450mg,醋酸甲羟孕酮50~70mg,甲地孕酮80~150mg,氟孕酮40~45mg,18-甲基炔诺酮30~40mg。

2. 前列腺素(PG)处理法

进口PG类物质有高效的氯前列烯醇和氟前列烯醇等,注入子宫颈的用量为1~2mg,肌内注射一般为0.5mg。应用国产的氯前列烯醇(即80996),每只母羊颈部肌肉注射2mL含0.2mg,1~5天内可获得90%以上的同期发情率,效果十分显著。前列腺素对处于发情周期5天以前的新生黄体溶解作用不大,因此前列腺素处理法对少数母羊无作用,应对这些无反应的羊进行第二次处理。因此,卵巢的活动阶段不同时,PG处理所产生的效果会有所差异。

3. 三合激素处理法

三合激素,每1mL内含有丙酸睾丸素25mg,黄体酮12.5mg,苯甲酸雌二醇1.5mg。每只羊颈部皮下注射三合激素1mL,母羊于处理后的24h开始发情,持续到第五天,但以第2、3天发情最集中。发情母羊于当日八点左右和十八点左右分别输精一次,次日清晨试情仍发情的母羊进行第三次输精。

4. "公羊效应"诱发母羊同期发情

在发情季节内也可利用"公羊效应"诱发母羊,使其同期发情。一般母羊若有20天以上没与公羊接触,此时将公羊直接引入母羊群或靠近母羊圈,可使大多数母羊在3~7天后发情。

十、母羊胚胎移植技术

胚胎移植的基本过程包括供体和受体选择、供体超数排卵和受体同期发情处理、采胚、检胚和移植。

1. 供体羊超数排卵

超数排卵就是利用促卵泡生长、成熟的激素处理来改变母羊在一个发情期只排1~2个卵的状况,促使它在一个发情期排更多卵。

(1)供体羊的选择 供体羊应符合品种标准,具有较高的生产性能和遗传育种价值,年龄一般为2.5~7岁,青年羊为18月龄,体格健壮,无遗传性及传染性疾病,繁殖机能正常,经产羊没有空胎史。

(2)供体羊的饲养管理 良好的营养状况是保持正常繁殖机能的必要条件。应在有优质牧草的草场放牧,补充高蛋白饲料、维生素和矿物质,并供给盐和清洁的饮水,做到合理饲养,精心管理。

(3)超数排卵处理 绵羊胚胎移植的超数排卵应在每年绵羊最佳繁殖季节进行。

供体羊超数排卵开始处理的时间,应在自然发情期或诱导发情期的第 12~13 天进行。山羊可在第 17 天开始。超排后的卵巢见图 4-49。

(4) 超数排卵处理技术方案

① 绵羊

a. FSH+PG 法　在发情周期第 12 或 13 天开始肌注（或皮下）FSH,以日递减剂量连续注射 3 天 6 次,每次间隔 12h。FSH 总剂量国产的为 150~300IU,澳大利亚产的为 13~15mL,在第 5 次注射 FSH 的同时肌注氯前列烯醇 0.1mg。

图 4-49　超排后的卵巢（卢继华提供）

b. CIDR+FSH+PG 法　在发情周期的任何一天给供体羊阴道内放入 CIDR（阴道硅胶栓）,计为 0 天,然后于第 9~13 天任何一天开始肌注 FSH,采用递减法连续注射 4 天共 8 次,在第 7 次肌注 FSH 时取出 CIDR,并肌注氯前列烯醇,一般在取出 CIDR 后 24~48h 发情。

c. PMSG 法　在供体羊发情周期的第 12~13 天,一次性肌注或皮下注射 PMSG 800~1500IU。

② 山羊

a. FSH+PG 法　从供体发情周期的第 17 天开始注射 FSH,总剂量为 150~300IU,其它同绵羊的方法。

b. CIDR+FSH+PG 法　与绵羊的方法相同。

c. PMSG 法　在供体发情周期的第 1~8 天一次性注射 PMSG,剂量为 800~1500IU。其它与绵羊的方法相同。

2. 发情鉴定和人工授精

经超排处理的供体,大多数在超排处理结束后 12~48h 表现发情,可每天早晚用试情公羊（带试情布或结扎输精管）进行试情。发情供体羊每天上下午各配种一次,直至发情结束。

3. 采胚

(1) 采胚时间　以配种（输精）日为 0 天,在 6~7.5 或 2~3 天用手术法分别从子宫和输卵管中回收胚。

(2) 供体羊准备　供体羊手术前应停食 24~82h,可供给适量饮水。

(3) 供体羊的保定和麻醉　供体羊仰放在手术保定架上,四肢固定,肌内注射 2% 静松灵 0.2~0.5mL,局部用 0.5mL 盐酸普鲁卡因或 2%普鲁卡因 2~3mL 麻醉,或注射利多卡因 2mL,在第一第二尾椎间作硬膜外鞘麻醉。

(4) 手术部位及消毒

① 手术部位:一般选择乳房前腹中线部(在两条乳静脉之间)或四肢股内侧鼠蹊部。

② 剪净术部羊毛:用电剪或毛剪在术部剪毛,应剪净毛茬。

③ 清洗消毒：分别用清水、消毒液清洗局部，然后涂以 2%～4%的碘酒，等干后再用 70%～75%的酒精棉脱碘（图 4-50）。

④ 盖创巾：先盖大创布，再将无菌创巾盖于手术部位，使预定的切口暴露于创巾开口的中部。

（5）手术准备

① 术者应将指甲剪短，并锉光滑，后清洗、清毒，穿手术服，戴工作帽和口罩。

② 手臂消毒：在两个盆内各盛温热的净水（已煮沸过）3000～4000mL，加入氨水 5～7mL，配成 0.5%的氨水，术者将手指尖到肘部先后在两盆氨水中各浸泡 2min，洗后用消毒毛巾或纱布擦干，按手指向肘的顺序擦。然后再将手臂置于 0.1%的新洁尔灭液中浸泡 5 分钟，或用 70%～75%酒精棉球擦拭两次。

③ 双手消毒后，保持拱手姿势，避免与未消毒的物品接触，如接触，即应重新消毒。

（6）手术 如图 4-51 所示。

 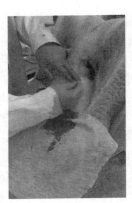

图 4-50　消毒　　　　　　图 4-51　手术

① 操作要求：要细心、谨慎、熟练，否则将直接影响冲胚效果、创口愈合及供体繁殖机能的恢复。

② 做切口：切口常取直线形，做切口时注意以下几点。避开较大的血管和神经；切口边缘与切面整齐；切口方向与组织走向尽量一致；依组织层次分层切开，便于暴露子宫和卵巢；切口长 5cm；避开第一次手术瘢痕。

③ 切皮下组织：皮下组织用执笔式执刀法切开，也可先切一小口，再用外科剪刀剪开。

④ 切开肌肉：用钝性分离法先按肌肉纤维方向用刀柄或止血钳刺开一小切口，然后将刀柄末端或用手指深入切口，沿纤维方向整齐分离开，避免损伤肌肉的血管和神经。切开腹膜应避免损伤腹内脏器，先用镊子提起腹膜，在提起部位做一切口，然后用另一只手的手指抻出腹膜，用引导刀（向外切口）或外科剪将腹膜剪开。

⑤ 找卵巢：将食指及中指由切口伸入腹腔，在与骨盆腔交界的前后位置触摸子宫角，摸到后用二指夹持，牵引至创口表面，循一侧子宫角至该侧输卵管，在输卵管末

端拐弯处找到该侧卵巢。不可用力牵拉卵巢,不能直接用手捏卵巢,更不能触摸排卵点和充血的卵泡。

观察卵巢表面排卵点和卵泡发育情况,详细记录。如果排卵点少于 3 个,可不冲洗。

⑥ 止血:手术中出血应及时、妥善地止血。

⑦ 缝合(图 4-52):基本要求有缝合前创口必须彻底止血,用加抗生素的灭菌盐水冲洗;清除手术过程中形成的血凝块等,并按组织层次结扎,松紧适当、对合严密,创缘不内卷、外翻;缝线结扎松紧适当;缝合进针、出针要距创缘 0.5cm 左右,针间距要均匀,结要打在同一侧。

(7) 采胚方法

① 输卵管法:供体羊配种(输精)后 2~3 天采胚,用输卵管法。将冲卵管一端由输卵管伞部的喇叭口插入 2~3cm 深(打活结或用夹子固定),另一端接集卵皿。用注射器吸取 37℃的冲胚液 5~10mL,在子宫角靠近输卵管的部位,将针头朝输卵管方向扎入。一人操作,一只手的手指在针头后方捏紧子宫角,另一只手推注射器,冲胚液由宫管结合部流入输卵管,经输卵管流至集卵皿。

输卵管法的优点是胚的回收率高,冲胚液用量少,检胚时省时间,缺点是容易造成输卵管特别是输卵伞部的粘连。

② 子宫法(图 4-53):供体羊配种(输精)后 6~7.5 天采胚。术者将子宫暴露于创口表面后,用套有胶管的钳夹在子宫角分叉处,注射器吸入预热的冲胚液 20~30mL(一侧用液 50~60mL),冲卵针头(钝形)从子宫角尖端插入,当确认针头在管腔内进退通畅时,将硅胶管连接于注射器上,推注冲胚液,当子宫角膨胀时,将回收卵针头从肠钳钳夹基部的上方迅速扎入,冲胚液经硅胶管收集于烧杯内,最后用两手拇指和食指将子宫角捋一遍。另一侧子宫角用同样方法冲洗。进针时应避免损伤血管,推注冲胚液时力量和速度应适中。

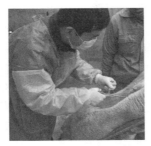 

图 4-52 缝合(张贺春提供)　　图 4-53 子宫冲胚

子宫法对输卵管损伤甚微,尤其不涉及伞部,但胚回收率较输卵管法低,用液较多,检胚较费时。

③ 冲卵管法:用手术法取出子宫,在子宫基部扎孔,将冲卵管插入,使气囊在子宫角分叉处,冲卵管尖端靠近子宫角前端,用注射器注入气体 8~10mL,然后进行灌流,分次冲洗子宫角,每次灌注 10~20mL,一侧用液 50~60mL,冲完后气球放气,

冲卵管插入另一侧，用同样方法冲卵。

术后处理：采集完毕后，用 37℃灭菌生理盐水湿润母羊子宫（图 4-54），冲去凝血块，再涂少许灭菌液体石蜡，将器官复位。缝合腹膜、肌肉后，撒一些磺胺粉等消炎防腐药。皮肤缝合后，在伤口周围涂碘酒，再用酒精做最后消毒（图 4-55）。供体羊肌内注射青霉素 80IU 和链霉素 100IU。

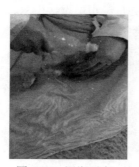 

图 4-54　湿润子宫　　　　　　图 4-55　消毒

4. 检胚

（1）检胚操作要求　检胚者应熟悉体视显微镜的结构，做到熟练使用。找胚的顺序应由低倍到高倍。一般在 10 倍左右已能发现受精卵，对胚胎鉴定分级时再转向高倍（或加上大物镜）。改变放大率时，需再次调整焦距至看清物象为止（图 4-56）。

图 4-56　检胚（卢继华提供）

（2）检胚前的准备　待检的胚胎应保存在 37℃条件下，尽量减少外环境、温度、灰尘等因素的不良影响。检胚时将集卵杯倾斜，轻轻倒弃上层液，杯底约留 10mL 冲胚液，再用少量杜氏磷酸盐缓冲液冲洗集卵杯，倒入表面皿镜检。

在酒精灯上拉制内径为 300～400μm 的玻璃吸管和玻璃针，将 10%或 20%羊血清杜氏磷酸盐缓冲液保存液用 0.22μm 滤器过滤到培养皿内，每个冲胚供体羊需备 3 或 4 个培养皿，写好编号，放入培养箱待用。

（3）检胚方法　用玻璃针清除胚胎外围的黏液、杂质。将胚胎吸至第一个培养皿内，吸管先吸入少许杜氏磷酸盐缓冲液，再吸入胚胎，在培养皿的不同位置冲洗胚 3～5 次。依次在第二个培养皿内重复冲洗，然后把全部胚胎移至另一个培养皿。每换一个培养皿时应换新的玻璃吸管，一个供体的胚胎放在同一个皿内，操作室温为 20～25℃，检胚及胚胎鉴定需 2 个人进行。

5. 胚胎的鉴定与分级

（1）胚胎的鉴定

① 在 20～40 倍体视显微镜下观察受精卵的形态、分裂球的大小和均匀度、与透

明带的间隙等情况。凡卵子的卵黄未形成分裂球及细胞团的，均列为未受精。

② 配种（输精）后2～3天用输卵管出的卵，发育阶段为2～8细胞期，可清楚地观察到卵裂球，卵黄腔间隙较大。

③ 5～8天回收的正常受精卵发育情况如下：

桑葚胚：凡在配种（输精）后第5～6天回收的卵，只能观察到球状的细胞团，分不清分裂球，细胞团占据卵黄腔的大部分。

致密桑葚胚：配种（输精）后第6～7天回收的卵，细胞团变小，占卵黄腔60%～70%。

早期囊胚：配种（输精）后第7～8天回收的卵，细胞团的一部分出现发亮的胚泡腔。细胞团占卵黄腔70%～80%，难以分清细胞团和滋养层。

囊胚：囊胚腔明显增大，内细胞团和滋养层细胞界限清楚，细胞充满了卵周间隙。

扩大囊胚：配种（输精）后第8～9天回收的卵，囊腔明显扩大，体积增大到原来的1.2～1.5倍，与透明带之间无空隙，透明带变薄，相当于正常厚度的1/3。

孵育胚：一般在配种（输精）后9～11天，由于囊胚腔继续扩张，致使透明带破裂，卵细胞脱出。

凡在配种（输精）后第6～8天回收的16细胞以下的受精卵均应列为非正常发育胚，不能用于移植或冷冻保存。

（2）胚胎的分级 胚胎可分为A、B、C三级。

A级：胚胎形态完整，轮廓清晰，呈球形，分裂球大小均匀、结构紧凑，色调和透明度适中，无附着的细胞和液泡。

B级：轮廓清晰，色调及细胞密度良好，可见到少量附着的细胞和液泡，变性细胞占10%～30%。

C级：轮廓不清晰，色调发暗，结构较松散，游离的细胞或液泡多，变性细胞达30%～50%。

胚胎等级划分还应考虑受精卵的发育程度，配种（输精）第7天回收的受精卵在正常发育时应处于致密桑葚胚至囊胚阶段。凡在16细胞以下的受精卵及变性细胞超过一半的胚胎均属等外，虽然其中部分胚胎仍有发育的能力，但受胎率很低。

6. 移植

（1）移植液 0.03g牛血清白蛋白溶于10mL杜氏磷酸盐缓冲液中，1mL血清+9mL杜氏磷酸盐缓冲液，以上两种移植液均含青霉素（100IU/mL）、链霉素（100IU/mL），配好后用0.22μm滤器过滤，置38℃培养箱中备用。

（2）受体羊的准备 受体羊术前需空腹12～24h，仰卧或侧躺于手术保定架上，肌内注射0.5%～0.8%静松灵。手术部位及手术要求与供体羊相同。

（3）简易手术法 对受体羊可采用简易手术法移植胚胎（图4-57）。术部消毒后，拉紧皮肤，在后肢鼠蹊部做0.5～2cm切口，用2个手指伸进腹腔，将子宫角引

图 4-57 移植

至切口外，确认排卵侧黄体状况，用钝形针头在黄体侧子宫角扎孔，将移植管朝子宫方向插入宫腔，推出胚胎，随即子宫复位。皮肤复位后即将腹壁切口覆盖，皮肤切口用碘酒、酒精消毒，一般不需缝合，若切口增大或覆盖不严密，应进行缝合。

受体羊术后在小圈内观察 1~2 天。圈舍应干燥、清洁，防止感染。

（4）**移植胚胎注意要点** 观察受体卵巢，胚胎移至黄体侧子宫角，无黄体不移植；一般移两枚胚胎；在子宫角扎孔时应避开血管，防止出血；不可用力牵拉卵巢，不能触摸黄体。胚胎发育阶段与移植部位相符；对受体黄体发育按突出卵巢的直径分等级，优等为 0.5~1cm，中等为 0.5cm，差等为小于 0.5cm。

（5）**受体羊饲养管理** 受体羊术后 1~2 个发情期内，要注意观察返情情况。若返情，则应进行配种或移植。对没有返情的羊，应加强饲养管理。妊娠前期应满足母羊对热量的摄取，防止胚胎因营养不良而早期死亡。在妊娠后期，应保证母羊营养的全面需要，尤其是对蛋白质的需要，以满足胎儿的充分发育。

十一、母羊诱导发情技术

诱导发情技术是在母羊乏情期内，人为地应用外源激素（如促性腺激素、溶黄体激素）和某些生理活性物质（如初乳）及环境条件的刺激等方法，促使母羊的卵巢机能由静止状态转变为性机能活跃状态，从而使母羊恢复正常的发情、排卵，并可进行配种受胎的一项繁殖调控技术。母羊诱导发情方法主要有以下几种：

1. 生殖激素处理

孕激素处理 1~2 周，如用孕激素海绵栓处理 1~2 周，取出栓塞物后当天注射 PMSG 350~700IU 效果更好。

2. 补饲催情和公羊诱导

在配种季节即将到来时，加强饲养管理，提高羊群的饲养水平，适当补充精料，可促进发情期提早到来，并提高发情率和产羔率。如果在使用上述方法的同时，将公羊放入母羊群中，效果更佳。

3. 控制光照时间

羊属于短日照动物，在长日照的夏季是母羊的乏情季节，在此期间可人工缩短光照时间，一般每日光照 8h，连续处理 7~10 周，母羊即可发情。若为舍饲羊，每天提供 12~14h 的人工光照，持续 60 天，然后将光照时间突然减少，50~70 天后就有大量的母羊开始发情。

第五章 育肥牛羊常见疫病防控技术

第一节 牛常见病的治疗及预防

一、牛病毒性腹泻/黏膜病

牛病毒性腹泻/黏膜病是由牛病毒性腹泻/黏膜病病毒引起牛的一种急性、热性、接触性传染病。其特征为黏膜发炎、糜烂、坏死和腹泻。

1. 临床症状

本病潜伏期为7～14天。根据临床症状和病程可分急性型和慢性型。

（1）急性型 多见于犊牛，表现为突然发病，体温升高达40～42℃，持续4～7天，有的出现第二次体温升高。精神沉郁，厌食，呼吸加快，白细胞减少。鼻腔流黏液性鼻液。2～3天鼻镜及口腔黏膜表面可能有糜烂，舌面上皮坏死，流涎，呼气恶臭。一般在口腔内发生损伤之后常发生严重的腹泻，粪便呈水样、恶臭，以后带有黏液和血液。有些病牛常有蹄叶炎及趾间皮肤糜烂坏死，从而导致跛行。急性病例很少有恢复，通常在发病后1～2周内死亡。

（2）慢性型 病牛很少出现体温升高，但体温可能有高于正常的波动。主要症状是鼻镜发生糜烂，此种糜烂可在整个鼻镜上连成一片。该病在口腔内很少有糜烂，但门齿齿龈通常发红。眼有浆液性分泌物。间歇性腹泻。蹄叶炎及趾间皮肤糜烂、坏死，跛行。母牛在妊娠期感染本病，常发生流产或产出有先天性缺陷的犊牛，最常见的是小脑发育不全。大多数患牛均死于2～6个月内。

2. 剖检变化

主要病变在消化道和淋巴结。鼻镜、鼻腔、口腔黏膜有糜烂和溃疡（图5-1），特征性病变是食道黏膜糜烂，呈大小和形状不一的直线排列（图5-2）。瘤胃黏膜偶见出血和糜烂，第四胃炎性水肿和糜烂。肠壁因水肿增厚，肠淋巴结肿大，小肠急性卡他性炎症，空肠、回肠较为严重，盲肠、结肠、直肠有卡他性、出血性、溃疡性以及坏死性等不同程度的炎症。在流产胎儿的口腔、食道、真胃及气管内可能有出血斑及溃疡。

图 5-1　口腔糜烂

图 5-2　食道黏膜糜烂

3. 流行特点

本病无季节性，可常年发病，但多发生于冬春季节。在新疫区急性病例多，一般不超过 5%，但死亡率可达 90%～100%；老疫区急性病例很少，发病率和死亡率很低。而隐性感染率在 50% 以上。本病也常见于肉用牛群中，关闭饲养的牛群发病时往往呈爆发式。

4. 诊断

根据临床上发热、早期白细胞减少及口腔糜烂、腹泻、消化道（尤其食道）糜烂、溃疡等可初步诊断。确诊须依赖病毒的分离鉴定及血清学检查。

5. 防制

（1）加强检疫　加强口岸检疫，从国外引进种牛、种羊时必须进行血清学检查，防止带毒。国内在进行牛只调拨或交易时，要加强检疫，防止本病的扩大或蔓延。

（2）免疫接种　主要应用弱毒疫苗和灭活苗进行免疫接种来预防本病，犊牛在断乳前后进行 1 次免疫接种，配种前 3 周再进行 1 次免疫接种，多数牛可获得终生免疫。

（3）病牛处理　一旦发生本病，对病牛要隔离治疗或急宰。本病目前无有效治疗方法。发病时应进行对症治疗和加强护理，增强机体抵抗力。应用收敛剂和补液疗法可缩短恢复期，减少损失。用抗生素和磺胺类药物，可减少继发性细菌感染。

二、牛大肠杆菌病

牛大肠杆菌病是由致病性大肠杆菌所引起的，又名大肠杆菌性腹泻，或称犊牛白痢。主要侵害犊牛，青年牛也可发生，常以急性型肠毒血症的形式出现。

1. 临床症状

潜伏期一般为 1～7 天。常发生于 3 日龄以内的初生犊牛，突然死亡或腹泻。有的病例初期体温可升高至 40℃ 以上，主要症状为精神沉郁，全身无力、虚弱、不吃奶，腹泻呈淡黄色、水样带血丝、腥臭味，眼窝下陷，眼闭合，耳鼻发凉，卧地不起，呼吸微弱。有的病例主要症状为腹泻，排淡黄色、灰白色粥样或稀汤样粪便，内有未消化的凝乳块，腥臭味，肛门失禁，肛门周围污浊，里急后重，脱水，酸中毒。有的出现神经症状，沉郁或兴奋，病犊高度衰竭，体温下降，有的持续性痉挛或昏迷、死亡。病死率可达 100%。妊娠母畜感染本病后，发生大批流产和死胎。

2. 剖检变化

急性死亡病例剖检时常无明显的病理变化。病症较长的出现下痢的犊牛，主要可见胃黏膜充血、水肿，覆有胶状黏液，皱褶部有出血。小肠黏膜充血、出血，上皮脱落，肠内容物混有血液和气泡，肠系膜淋巴结肿大，心内膜、肝、肾苍白，有时有出血点，胆囊充满黏稠暗绿色胆汁。病程长的病例有肺炎及关节炎病变。

3. 流行特点

主要通过消化道、呼吸道及伤口感染。气候多变、饲养管理不善、舍内潮湿、卫生不良及犊牛生后未及时吮食初乳等应激条件下，均可促进发病。

4. 诊断

根据症状、病理变化、流行病学材料及细菌学检查等进行综合诊断。诊断本病应与牛沙门氏菌病、犊牛梭菌性肠炎、牛轮状病毒病、牛球虫病加以鉴别。

5. 防治

（1）预防　孕牛要供给足够的蛋白质饲料和维生素、矿物质；舍饲牛要有适当的运动；在怀孕后期给母牛注射当地菌株所制成的疫苗；保持厩舍干燥、清洁卫生。分娩前要将母牛的乳房洗净，避免犊牛饥饱不均。力争在产后 2h 内使犊牛吃入足够的初乳是预防本病最有效的措施。初生犊牛注射或口服疫苗，或给初生犊牛注射大肠杆菌高免血清等，有一定的预防效果。

（2）治疗　本病的治疗原则是抑菌消炎，防止败血症，补液补碱以防脱水和酸中毒，同时调解胃肠机能。

① 消炎、抑菌：可选用痢菌净、新霉素及金霉素等敏感的抗生素。

② 补液：病畜有严重肠炎时，粪便呈水样并混有血液，迅速出现脱水现象，因此每天必须补液 1～2 次，静脉输入复方氯化钠溶液、生理盐水或葡萄糖盐水 2000～6000mL，必要时还可加入碳酸氢钠、乳酸钠等，以防酸中毒。

③ 调节胃肠机能：在病初，犊牛体质尚强壮时，应先投予盐类泻剂，使胃肠道内含有大量病原菌及毒素的内容物及早排出；此后可再投予各种收敛和健胃剂。此外，也可灌服中药止泻剂。

三、牛流行热

牛流行热是由牛流行热病毒引起的一种急性、热性传染病，又称三日热、暂时热。

1. 临床症状

潜伏期为 3～7 天。其特征为突然高热、呼吸和消化器官严重卡他性炎症和运动障碍。发病率高，但死亡率低，无继发病时死亡率约为 1%～3%。

突然发病，体温升高达 41～42℃，持续 1～3 天后骤退。患牛表现精神不振，食欲减退，反刍停止，脉搏、呼吸加快，呼吸困难，多呈腹式呼吸。多数病牛鼻流炎性分泌物成线状，后为黏性鼻涕（图 5-3）。流泪，眼睑和结膜充血、水肿，畏光；口腔发炎，流涎，口角有泡沫；个别牛四肢关节浮肿、僵硬、疼痛，而出现跛行，重者起立困难、卧地不起；病牛有时出现便秘或腹泻，尿量少呈暗褐色混浊；妊娠牛可能发生流产、死胎，泌乳量下降或停止。多数病例呈良性经过，病程 3～4 天，很快恢复，死亡率一般不超过 1%。有的病例常因跛行或瘫痪而被淘汰。

2. 剖检变化

急性死亡病牛，可见肺膨大，有不同程度的水肿（图 5-4）和间质性气肿，压迫有捻发音，切面流出大量暗紫红色泡沫状黏液。胸腔积液，呈暗紫红色。病程较长而死亡的，一般呈败血症变化。上呼吸道黏膜充血、出血、肿胀。气管内充满大量泡沫状的黏液，全身淋巴结充血、肿大或出血。真胃、小肠和盲肠呈卡他性炎症和渗出性出血。实质脏器混浊肿胀或有出血点。真胃及肠黏膜为卡他性炎症或出血。关节、腱鞘、肌膜发炎。流产胎儿体表有出血点。

图 5-3　鼻流线状炎性分泌物

图 5-4　肺水肿

3. 流行特点

本病主要侵害于乳牛和黄牛，以 3～5 岁牛多发，肥胖的牛病情较严重，产奶量高的母牛发病率高。病牛是本病的主要传染源，病毒主要存在于病牛的血液中、呼吸道分泌物及粪便中。本病多经呼吸道传播，也可经吸血昆虫叮咬或与病畜接触经皮肤感染进行传播。本病的流行具有明显的季节性，一般在夏末到秋初，高温炎热、多雨潮湿、蚊虫多生时流行。

4. 诊断

本病的特点是大流行，传播快速，有明显的季节性和周期性，出现高热稽留，呼吸困难，流浆液性鼻液，咳嗽，畏光流泪，运动障碍，病程短，发病率高、病死率低等临床症状时可做出初步诊断。但确诊本病还要做病原分离鉴定，或用中和试验、补体结合试验、琼脂扩散试验、免疫荧光试验、酶联免疫吸附试验（ELISA）等进行检验。

5. 防治

（1）切断传播途径　在本病常发区加强消毒，扑灭蚊、蠓等吸血昆虫，切断本病的传播途径。

（2）加强免疫　定期对牛进行免疫注射是预防本病的重要措施。

（3）病牛处置　发生本病时，要对病牛及时隔离，及时治疗，对假定健康牛群及受威胁牛群可采用高免血清进行紧急预防接种。

（4）治疗　本病无特效药物，只能进行对症治疗，病初可根据具体情况酌用退热药及强心药，停食时间长可适当补充生理盐水及葡萄糖溶液。另外可结合病情应用强心剂、解毒剂、镇静剂和抗生素等。治疗时，切忌灌药，因病牛咽肌麻痹，药物易流入气管和肺里引起异物性肺炎。

第二节　羊常见病的治疗及预防

一、小反刍兽疫

小反刍兽疫又称羊瘟、口炎肺肠炎复合症，是由小反刍兽疫病毒引起的一种急性高度接触性传染病，主要感染小反刍动物，以发热、口炎、腹泻、肺炎为特征。

1. 临床症状

山羊临床症状比较典型，绵羊一般较轻微。根据症状可分为温和型、标准型和急性型。

（1）温和型　症状轻微，发热，类似感冒症状。

（2）标准型　发热，体温可达40～41℃，持续3天左右，口鼻分泌物严重增加，腹泻严重，有时有口腔溃疡；有时表现支气管肺炎，类似羊支原体肺炎；怀孕母羊可发生流产。

（3）急性型　较少发生，急性死亡，感染后1～2天内死亡。

2. 剖检变化

口腔和鼻腔黏膜糜烂坏死（图5-5）；支气管肺炎，肺尖肺炎；可见坏死性或出血性肠炎，盲肠、结肠近端和直肠出现特征性条状充血、出血，呈斑马状条纹；可见淋巴结，特别是肠系膜淋巴结水肿，脾脏肿大并可出现坏死病变。

图5-5　口腔和鼻腔黏膜糜烂坏死

3. 流行特点

小反刍兽疫主要通过呼吸道和消化道感染。传播方式主要是接触传播，可通过与病畜直接接触传播，病羊的鼻液、粪尿等分泌物和排泄物可含有大量的病毒，与被病毒污染的饲料、饮水、衣物、工具、圈舍和牧场等接触也可间接传播，在养殖密度较高的羊群偶尔会发生近距离的气溶胶传播。

一年四季均可发生，但多雨季节和干燥寒冷季节多发。潜伏期一般为4~6天，短者在1~2天，长者10天，世界动物卫生组织《陆生动物卫生法典》规定最长潜伏期为21天。

4. 诊断

血清学检测方法：抗体检测可采用竞争酶联免疫吸附试验和间接酶联免疫吸附试验。

病原学检测方法：病毒检测可采用琼脂凝胶免疫扩散、抗原捕获酶联免疫吸附试验、实时荧光反转录聚合酶链式反应、普通反转录聚合酶链式反应，对PCR产物进行核酸序列测定可进行病毒分型。疑似患病动物的病料需经国家外来动物疫病研究中心进行确诊。

5. 防制

在免疫省份实施免疫，发生疫情时依据《小反刍兽疫防治技术规范》处置。

二、羊口疮

羊口疮又名山羊传染性脓疱性口炎，是由口疮病毒引起的急性接触性传染病。其特征为口腔黏膜、唇部、面部、腿部和乳房部的皮肤形成丘疹、脓疱、溃疡和结成疣状厚痂。

1. 临床症状

本病潜伏期为36~48h，病程为3周左右，该病在临床上分为唇型、蹄型和外阴型，也见混合型感染病例。

（1）**唇型** 此型最为常见，发病初期山羊精神沉郁，不愿采食，体温无明显升高，口角上下唇或鼻镜上出现散在的小红斑，逐渐变为丘疹和小结节，继而成为水疱、脓疱；破溃后，结成黄色或棕色的疣状硬痂（图5-6）。如为良性经过，则经1~2周，痂皮干燥、脱落而康复。

严重病例，患部继续发生丘疹、水疱、脓疱痂垢，并互相融合，波及整个口唇周围及眼睑和耳廓等部位，形成大面积痂垢。痂垢不断增厚，痂垢下伴有肉芽组织增生。整个嘴唇肿大外翻呈桑葚状隆起，影响采食，病羊日趋衰弱而死。个别病例常伴有化脓菌和坏死杆菌等继发感染，引起深部组织化脓和坏死，致使病情恶化。有些病例危害到口腔黏膜，发生水疱、脓疱和糜烂。病羊采食、咀嚼和吞咽困难，严重者继发肺炎而死亡。

图5-6 唇部疣状硬痂

(2) 蹄型　于蹄叉、蹄冠或系部皮肤上形成水疱、脓疱，破裂后形成由脓液覆盖的溃疡。如继发感染则发生化脓性坏死，常波及基部、蹄骨，甚至肌腱和关节，病羊跛行，长期卧地，衰竭而死。

(3) 外阴型　表现为黏性和脓性阴道分泌物，在肿胀的阴唇及附近皮肤上发生溃疡，乳房和乳头的皮肤上发生脓疱、烂斑和痂垢；公羊表现为阴鞘肿胀，出现脓疱和溃疡。

2. 剖检变化

病死羊尸体极度消瘦，口唇黑色结痂，延伸至面部，口腔内有水泡、溃疡和糜烂，面部皮下有出血斑。气管出现环状出血，肺部肿胀，颜色变暗。其它部位眼观无变化。

3. 病原及流行特点

感染羊无性别差异，以 3～6 月龄的羔羊发病最多，该病主要传染来源是病羊和其它带毒动物。病羊皮肤和黏膜的擦伤为主要感染途径。病毒主要存在于病变部的渗出液和痂块中，健羊可因与病羊直接接触而受感染，也可以经污染的羊舍、草场、草料、饮水和饲养用具等受到感染。本病无明显的季节性，常因饲养环境改变和引种长途运输产生应激反应而诱发，传染很快，常见为群发。

4. 诊断

根据流行病学、临床症状、典型病例，特别是病羊口角周围有增生性桑葚状突起，一般诊断不难，但应注意与羊痘、溃疡性皮炎、坏死杆菌病等相区别。羊痘的痘疹多为全身性，病羊体温升高，全身反应严重，痘疹结节呈圆形，突出于皮肤表面，界限明显，似脐状。溃疡性皮炎主要侵害一岁以上的羊，损伤主要表现为组织破坏，以溃疡为主，不形成疣状痂。坏死杆菌病主要表现组织坏死，而无水泡、脓疱的病变，也无疣状增生物，必要时应做细菌学检查和动物试验进行区别。

5. 防制

(1) 预防

① 加强饲养管理：保持皮肤黏膜不发生损伤，特别是羔羊长牙阶段，口腔黏膜娇嫩，易引起外伤。因此应尽量清除饲料或垫草中的芒刺和异物，避免在有刺植物的草地放牧。适时加喂适量食盐，以减少啃土、啃墙。

② 严格检疫：禁止从疫区引进羊只和购买畜产品。新购入的羊应全面检查，并对羊只蹄部、体表进行彻底清洗与消毒，隔离观察一个月以后，在确认健康后方可混入其它羊群。

③ 免疫接种：免疫接种是预防该病的有效措施，国外已研制出减毒疫苗，在配种前注射于母羊肘后皮下，在注射局部产生硬痂，待母羊分娩后，通过初乳能使羔羊获得一定免疫力。该疫苗可引起诸如跛行等轻度反应，因此仅限本病流行地区使用；也可把患病羊只口唇部痂皮取下，剪碎、研制成粉末，然后用50%甘油灭菌，用生理盐

水稀释成1%浓度，涂于股内皮肤划痕处或刺种于耳部。

当羊群已发病时，疫苗的接种已无多大用处，故必须在疾病未出现之前进行接种。

④ 消毒：发现病羊及时隔离，饲槽、圈舍、运动场可用石灰粉或3%氢氧化钠进行彻底消毒。患病羊吃剩的草和接触过的草都应做消毒或焚烧处理。同时给予病羊柔软、富有营养、易消化的饲料，保证饮水清洁。

（2）治疗

① 加强护理：经常给病羊供应清水，饲料不可过于干硬，遇到病势严重而吃草料困难者，可给予鲜奶或稀料。

② 治疗：病轻者通常可以自愈，不需要治疗。对严重病例，应每日给疮面涂以2%～3%碘酊、1%来苏水溶液、3%龙胆紫或5%硫酸铜溶液。亦可涂用防腐性软膏，如3%石炭酸软膏或5%水杨酸软膏。如果口腔内有溃烂，可由口侧注入1%稀盐酸或3%～4%的氯酸钾，让羊嘴自行活动，以达洗涤的目的，然后涂以碘甘油或抗生素软膏。在补喂精料之前短时间内，不可用消毒液洗涤口外疮伤，否则会因疮面湿润而在吃精料时容易沾附料粒，反复如此，可使疮痂越来越大，羊张口不易，采食发生困难。

三、羊传染性胸膜肺炎

羊传染性胸膜肺炎又称羊支原体肺炎，是由支原体引起的一种高度接触性传染病，特征为高热、咳嗽，肺脏及胸膜发生浆液性和纤维素性炎症。死亡率很高，对养羊业危害很大。

1. 临床症状

本病潜伏期一般为2～28天。根据临床症状和病程长短可分为最急性型、急性型和慢性型三种。

（1）最急性型　多发生于本病流行的初期，病羊体温升高达41～42℃，精神沉郁，食欲废绝，呼吸急促，数小时后出现肺炎症状，干咳，而后出现呼吸困难，鼻孔扩张，鼻腔流出浆液并带有血液。肺部叩诊有浊音或实音区，听诊肺泡音减弱、消失或有捻发音。1～2天后，病羊卧地不起，四肢伸直，呼吸极度困难并全身颤动，黏膜高度充血、发绀，常因窒息而死亡。病程一般不超过4～5天，有的仅12～24h。

（2）急性型　最常见。病初体温升高，食欲减退，出现咳嗽，伴有浆液性鼻漏。几天以后，咳嗽变干而痛苦，鼻腔分泌物转为铁锈色的脓性黏液，黏附于鼻孔和上唇。胸部叩诊有实音区，听诊呈支气管呼吸音和摩擦音，按压胸壁表现敏感，疼痛，多发生在一侧。后期病羊高热稽留不退，食欲废绝，眼睑肿胀，流泪，有脓性或黏性分泌物。由于呼吸极度困难，表现头颈伸直，腰背拱起，张口呼吸。孕羊大批流产。濒死前体温降至常温以下，病程多为1～2周，有的可达1个月。

（3）慢性型　多数由急性转来，也有开始就是慢性经过的。多见于夏季，全身症状较轻，体温42℃左右。病羊时常咳嗽和腹泻，鼻涕时有时无，身体衰弱，被毛粗乱、无光。如饲养管理不当或继发感染，可使病情恶化而迅速死亡。

2. 剖检变化

特征病变是纤维素性胸膜肺炎的变化（图 5-7）。急性病例的损害多为一侧或双侧肺叶与胸壁轻微粘连。病变区凸出于肺表，颜色由红色至灰色不等（图 5-8），切面呈大理石样外观，纤维素渗出液的充盈使得肺小叶间组织变宽，小叶界限明显，支气管扩张。胸膜变厚而且粗糙，附着一层黄白色的纤维素，心包粘连。胸腔常有淡黄色液体，暴露于空气后其中有纤维蛋白凝块。此外，可见心包积液，心肌松弛、变软。肝、脾肿大，胆囊肿胀，肾肿大和膜下小点出血。病程延长者肺肝变区机化，结缔组织增生，甚至有包囊化的坏死灶。

图 5-7 纤维素性胸膜肺炎

图 5-8 肺颜色变灰

3. 流行特点

山羊和绵羊均易感，半岁至 1 岁幼龄羊发病率较高。病羊和带菌羊是主要的传染源，感染羊的肺组织和胸腔渗出液中都含有大量的病原体。病原体主要从呼吸道排出，通过飞沫由呼吸道感染。常年可发病，呈地方性流行。但阴雨连绵、寒冷潮湿、饲养密度大、卫生条件差、抵抗力下降等可以激发或加剧该病的发生。发病率和死亡率较高。

4. 诊断

根据流行特点、临床症状和剖检变化可做出初步诊断，确诊须进行病原学检查和血清学试验。

本病在临床上和病理上均与羊巴氏杆菌病相似，但用病料进行涂片做细菌学检查，巴氏杆菌病为两极浓染的短小杆菌。

5. 防制

（1）加强管理 平时应加强羊群的饲养管理，搞好环境卫生和日常消毒，防止羊群与其它反刍动物接触。防止引入或迁入病羊和带菌羊，新引进羊只必须隔离检疫 1 个月以上，确认健康时方可混入大群。

（2）免疫接种 我国目前除丝状支原体山羊亚种制造的山羊传染性胸膜肺炎氢氧化铝苗和鸡胚化弱毒苗以外，最近又研制成绵羊肺炎支原体灭活苗。应根据当地的实际情况选择适当的疫苗。

（3）封锁隔离 发生该病时，应立即进行封锁，对病羊、可疑病羊和假定健康羊分群隔离和治疗。对被污染的羊舍、场地、饲养管理用具进行彻底消毒，对病羊尸体、粪便等进行无害化处理。

（4）治疗 发病初期可使用足够剂量的土霉素、四环素、恩诺沙星及卡那霉素等药物治疗。

四、羊肠毒血症

羊肠毒血症是由 D 型魏氏梭菌引起的绵羊的一种急性毒血症，死后肾组织易于软化，又称软肾病。本病临床症状上类似羊快疫，故又称类快疫。

1. 临床症状

潜伏期 0.5～1 天，突然发病，很快死亡，很少能见到临床症状。体温不高，血、尿常规检查常有血糖、尿糖升高现象。临床上可分为两种类型：

（1）抽搐型 抽搐为特征，表现为四肢强烈地划动，肌肉震颤，眼球转动，磨牙，口水过多，随后头颈显著抽缩，往往在 2～4h 内死亡。

（2）昏迷型 以昏迷和静静死亡为特征，表现为步态不稳，以后卧倒，并有感觉过敏，流涎，上下颌"咯咯"作响，继以昏迷，角膜反射消失，有的病羊发生腹泻，通常在 3～4h 内静静地死去。

2. 剖检变化

病变常见于消化道、呼吸道、心血管系统，尸体异常膨胀，胃肠内充满气体和液状内容物，内充满未消化的饲料。真胃黏膜发炎，有坏死灶。小肠黏膜充血、出血，重者肠壁呈血红色，俗称"红肠子"（图 5-9），有时出现溃疡。肾脏肿大，实质变软，重者软化如泥（图 5-10）。胆囊肿大 1～3 倍。心包常扩大，内含灰黄色液体和纤维素絮块。心内外膜有出血点，肺脏出血和水肿。

图 5-9　血红色肠壁

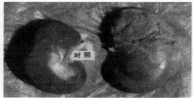

图 5-10　与正常肾脏对照

3. 流行特点

各种品种、年龄的羊都可以感染发病，但绵羊多发，山羊较少，通常以 2～12 月龄、膘情好的羊多发。D 型魏氏梭菌为土壤常在菌，也存在于污水中，病原体芽孢污染饲料或饮水，其次为病羊及带菌羊，主要是经口感染。本病发生有明显的季节性和条件性，多发于春末夏初青草萌发和秋季牧草结籽后的一段时期，羊吃了大量的菜叶、菜根的时候发病，多呈散发。

4. 诊断

可依据本病发生的情况和病理变化，尿内发现葡萄糖等做出初步诊断。

实验室检查可取肠内容物，如内容物稠厚可用生理盐水稀释 1～3 倍（若内容物稀薄则不必稀释），用滤纸过滤或以 3000r/min 离心 5 分钟（min），取上清液给家兔静脉注射 2～4mL 或静注小白鼠 0.2～0.5mL。如肠内毒素含量高，即可使实验动物于 10 分钟内死亡；如肠毒素含量低，动物于注射后 0.5～1h 卧下，呈轻昏迷，呼吸加快，经 1h 左右可能恢复。

因为 D 型魏氏梭菌广泛存在于自然界中，因此，确诊本病根据有以下几点：肠道内发现大量 D 型魏氏梭菌；小肠内检出毒素；肾脏和其它实质脏器内发现 D 型魏氏梭菌；尿内发现葡萄糖。

5. 防治

（1）预防　加强饲养管理，农区、牧区春秋避免抢青、抢茬，秋天避免吃过量的结籽饲草，同时注意饲料的合理搭配。在常发地区，应定期注射"羊快疫-猝疽-肠毒血症三联苗"或"羊快疫-猝疽-肠毒血症-羔羊痢疾-黑疫五联苗"。

发病时病羊隔离，对尚未发病的羊转移到高燥的地区放牧，并进行紧急预防接种。

（2）治疗　病急的来不及治疗，病缓的也没有良好的办法。病程长者可试用抗生素或磺胺类药物结合强心、镇静等对症治疗。

五、羊快疫

羊快疫是由腐败梭菌经消化道感染引起的、主要发生于绵羊的一种急性传染病，发病突然，病程极短，死亡率高，真胃呈出血性、炎性损害。本病世界各地均有发生。

1. 临床症状

本病潜伏期 12～72h，羊突然发病，病羊往往未出现临床症状而突然死亡，常见于放牧时死于牧场或早晨死于羊圈中。病程长者有的表现离群独处、卧地、不愿走动，强迫行走时，表现虚弱和运动失调，腹部膨胀，有腹痛症状。排黑色软粪或稀粪，内混有黏液或脱落的黏膜。体温一般不高，但也有的高达 41.5℃，呼吸困难，多数在 1 天内死亡。

2. 剖检变化

尸体迅速腐败膨胀，剖开有恶臭，皮下有出血性胶样浸润。真胃和十二指肠黏膜有明显的充血、出血，表面发生坏死，出血坏死区低于周围的正常黏膜，黏膜下组织水肿甚至形成溃疡。肠腔内充满气体。胸腔、腹腔和心包大量积液，暴露于空气中易凝固。心内外膜有出血点。多数羊胆囊肿大，充满胆汁。肠道和肺脏的浆膜下也可见到出血。

3. 流行特点

本病主要发生于绵羊，以 6～18 月龄的绵羊多发。山羊也能感染，但发病少。腐败梭菌主要存在于低洼潮湿草地、熟耕地，污水及人畜的粪便中。许多羊的消化道平时就有这种细菌存在，但不发病，当存在不良的外界诱因使机体抵抗力下降，机体遭受刺激，抵抗力减弱时，羊只发病死亡。主要经消化道感染。多发生于冬春季节，呈地方流行性。

4. 诊断

本病生前诊断比较困难，如果羊突然发病死亡，死后又发现第四胃及十二指肠等处有急性炎症，肠内容物中有许多小气泡，肝肿胀而色淡，胸腔、腹腔、心包有积水等变化时，应怀疑可能是这一类疾病。确诊需进行微生物学检查，必要时还可进行细菌的分离培养和动物试验。

5. 防制

（1）预防　在疫区内的羊每年应定期注射羊厌氧菌病三联苗（羊快疫、羊猝疽、羊肠毒血症）或五联（羊快疫、羊肠毒血症、羊猝疽、羊黑疫和羔羊痢疾）灭活疫苗。

① 加强饲养管理，防止受寒感冒，避免采食冰冻饲料。

② 发生本病后应及时隔离病羊，对病程长者用青霉素、磺胺类药物进行治疗。对未发病羊只，应转移到高燥地区放牧，加强饲养管理，同时用菌苗紧急接种。

（2）治疗　大多数病羊来不及治疗即死亡。对那些病程稍长的病羊，可用青霉素肌内注射或内服磺胺嘧啶。辅以强心、补液解除代谢性酸中毒。对可疑病羊全群进行预防性投药，如饮水中加入恩诺沙星，或环丙沙星。

六、羊猝疽

羊猝疽是由C型魏氏梭菌引起的一种毒血症，以急性死亡、腹膜炎和溃疡性肠炎为特征。

1. 临床症状

本病潜伏期0.5～1天，病程短促3～6h，看不到临床症状而突然死亡。有时发现病羊掉群、卧下，表现出不安、腹泻和痉挛，眼球突出，在数小时内死亡。

2. 剖检变化

病变主要见于消化道和循环系统。十二指肠和空肠黏膜严重充血、糜烂（图5-11），有的肠段可见大小不等的溃疡（图5-12）。胸腔、腹腔和心包积液暴露于空气中可形成纤维素絮块。浆膜上有出血点。肌肉出血，有气性裂孔。死亡后骨骼肌出现气肿和出血。

图5-11　肠黏膜充血

图5-12　小肠溃疡出血

3. 流行特点

本病发生于成年绵羊，以 1～2 岁的绵羊多发。主要经消化道感染，常发生于低洼、沼泽地区。多发生于冬春季节，呈地方流行性。

4. 诊断

根据成年绵羊突然发病死亡，剖检见糜烂和溃疡性肠炎、腹膜炎、体腔积液可做出初步诊断。确诊需从体腔渗出液、脾脏等取病料做细菌的分离和鉴定，以及从小肠内容物里检查有无 β 毒素。

5. 防制

可参照羊快疫和羊肠毒血症的防制措施进行。

七、羔羊痢疾

羔羊痢疾是由 B 型魏氏梭菌引起的初生羔羊的一种以剧烈腹泻和小肠发生溃疡为特征的急性毒血症，常可使羔羊发生大批死亡，给养羊业带来重大损失。

1. 临床症状

本病潜伏期 1～2 天。病初精神委顿，低头拱背，不吃奶。不久就发生腹泻，粪便恶臭，呈黄绿色、黄白色或灰白色糊状或水样。后期粪便中含有血液、黏液和气泡。发病羔羊逐渐衰弱，卧地不起。如不及时治疗，一般在 1～2 天内死亡，只有少数病轻者可能自愈。

有的羔羊腹胀而不下痢，或只排少量稀粪，主要表现神经症状，四肢瘫软，卧地不起，呼吸急促，口流白沫，最后昏迷，头向后仰，体温降至常温以下，常在数小时到十几小时内死亡。

2. 剖检变化

尸体严重脱水，主要病变在消化道，真胃内有未消化的凝乳块，小肠（特别是回肠）黏膜充血发红（图 5-13），溃疡周围有一出血带环绕；有的肠内容物呈血色。肠系膜淋巴结肿大、充血或出血。肺常有充血区域或瘀斑。心包积液，心内膜有时有出血点。

图 5-13　肠黏膜充血、肠内容物呈血色

3. 流行特点

本病主要发生于 7 日龄以内的羔羊，以 2～3 日龄的羔羊发病最多，7 日龄以上的羔羊很少发病。病羔是主要传染来源，其次是带菌母羊。主要经消化道感染，也可经脐带或伤口感染。母羊妊娠期营养不良，羔羊体质衰弱，气候异常、哺乳不当、卫生不良等均可促进本病的发生。在产羔季节呈地方性流行，发病率 30%～90%，死亡率

可达100%。

4. 诊断

根据流行特点、临床症状和剖检变化可做出初步诊断，但注意与沙门氏菌、大肠杆菌等引起的初生羔羊下痢进行区别。确诊需进行实验室检查，以鉴定病原体及毒素。

5. 防制

（1）预防 应加强饲养管理，增强妊娠母羊的体质；同时注意羔羊的保暖，合理哺乳，采取消毒、隔离、免疫接种和药物治疗等综合措施才能有效防制本病。每年秋季注射羔羊痢疾菌苗或"羊快疫-猝狙-肠毒血症-羔羊痢疾-黑疫五联苗"，于产前14～21天再接种1次。羔羊出生后12h内可灌服土霉素0.15～0.2g，每天1次，连用3天，有一定的预防效果。

（2）治疗 药物治疗应与护理相结合。

① 土霉素0.2～0.3g，或再加胃蛋白酶0.2～0.3g，加水灌服，每日两次。

② 磺胺脒0.5g，鞣酸蛋白0.2g，次硝酸铋0.2g，碳酸氢钠0.2g，加水灌服，每日3次。

③ 先灌服含福尔马林0.5%的6%硫酸镁溶液30～60mL，6～8h后再灌服1%高锰酸钾溶液10～20mL，每日服两次。

④ 病程稍长的羊只，可选用青霉素肌内注射，每次160万IU，每天两次；或内服磺胺嘧啶，每次5～6g，连服3～4次。

八、羊黑疫

羊黑疫又名传染性坏死性肝炎，是B型诺维氏梭菌引起的羊的一种急性、高度致死性毒血症，特征是肝实质发生坏死。

1. 临床症状

本病临床症状与羊快疫、羊肠毒血症等极其相似。病程急促，绝大多数病例未见临床症状而突然发生死亡。少数病例病程稍长，可拖延1～2天，但不超过3天。病畜掉群，不食，呼吸困难，体温41.5℃左右，呈昏睡俯卧，并保持在这种状态下毫无痛苦地突然死去。病死率近乎100%。

2. 剖检变化

图5-14 肝脏凝固性坏死

病羊尸体皮下静脉显著充血，皮肤呈暗黑色外观（黑疫之名由此而来）。胸部皮下组织常见水肿，胸腔、腹腔和心包积液，暴露于空气中易凝固。真胃和小肠充血和出血。肝脏充血肿胀，从表面可看到或摸到有一个到多个凝固性坏死灶，坏死灶的界限清晰，灰黄色（图5-14）。周围常为一鲜红色的充血带围绕，坏死灶直径可达 2～3cm，切面成半圆形。羊黑疫肝脏的这种坏死变化是很有特征的，具有诊断意义。

3. 流行特点

本菌能使 1 岁以上的绵羊感染，以 2～4 岁的绵羊发生最多。发病羊多为肥胖羊只，山羊也可感染，牛偶可感染。诺维氏梭菌主要存在于土壤中、饲料及反刍动物消化道内，经消化道而感染。本病主要发生于春、夏季肝片吸虫流行的低洼、潮湿地区。

4. 诊断

在肝片吸虫流行的地区发现急死或昏睡状态下死亡的病羊，剖检见肝脏的特殊坏死变化，可作出初步诊断。必要时可做细菌学检查和毒素检查。

羊黑疫、羊快疫、羊猝疽、羊肠毒血症等梭菌性疾病由于病程短促，病状相似，在临床上不易互相区别，同时与羊炭疽也有相似之处，因此，应注意类症区别。

（1）与羊肠毒血症的鉴别　羊快疫发病季节常为秋、冬和早春，而羊肠毒血症多在春夏之交抢青时和秋季草籽成熟时发生。患羊快疫时，羊只常有明显的真胃出血性炎性损害，而患羊肠毒血症时，多数无此症状或仅见轻微病损。

（2）与羊黑疫的鉴别　羊黑疫的发生常与肝片吸虫病的流行有关，其真胃损害轻微。患羊黑疫时，肝脏多见坏死灶，涂片检查可见到两端钝圆、粗大的诺维氏梭菌；而患羊快疫时，肝脏被膜触片多见无关节、长丝状的腐败梭菌。

（3）与羊炭疽的鉴别　羊快疫与羊炭疽的临床症状及病理变化较为相似，必须进行炭疽沉淀反应区别诊断，同时也应从病原形态上相鉴别。

5. 防治

（1）预防　在肝片吸虫流行地区控制肝片吸虫的感染。药物预防用蛭得净（溴酚磷）按每 1kg 体重 16mg，一次内服，或用丙硫苯咪唑，按每 1kg 体重 15～20mg，一次内服，或用三氯苯唑，按每 1kg 体重 8～12mg，一次内服。

用"羊快疫-猝疽-肠毒血症-羔羊痢疾-黑疫五联苗"进行免疫接种。

发生本病时，应将羊群移牧于高燥地区。对病羊可用抗诺维氏梭菌血清（7500IU/mL）治疗。

（2）治疗　对病羊可用抗诺维氏梭菌血清（7500IU/mL）治疗。肌内或皮下或静脉注射 50～80mL，连用 1～2 次。病程缓慢的病羊，可用青霉素，肌内注射 160 万单位，每日 2 次。

第三节　牛、羊共患病的治疗及预防

一、布鲁氏菌病

布鲁氏菌病（简称布病）是由布鲁氏菌引起的人畜共患慢性传染病。对人类健康和畜牧业生产有很大的威胁。常见于牛、羊等家畜,是牛羊共患病。

1. 临床症状

潜伏期 2～6 个月。以生殖器官和胎膜发炎,引起流产、不育和各种组织局部病状为特征。最明显的症状是流产,流产可发生于妊娠后的任何时期,流产前表现出精神沉郁、食欲减退、胃肠迟缓、喜伏卧、有分娩的征兆,阴道黏膜潮红肿胀,有粟粒大结节,阴道流出灰白色或灰色黏性分泌物。阴唇及乳房肿胀,不久即发生流产。流产胎儿多为死胎、弱胎,弱胎于生后不久死亡。多数母畜流产后发生胎衣滞留和子宫内膜炎,从阴道流出污秽不洁的红褐色恶臭分泌物,有的病例长期不愈,导致不孕。公牛、公羊睾丸肿大(图 5-15),阴囊皮肤增厚(图 5-16)。

图 5-15　睾丸肿大　　　　图 5-16　阴囊皮肤增厚

2. 剖检变化

牛、羊的病变大致相同,可见胎衣水肿增厚,并有出血点,呈黄色胶样浸润,表面覆以纤维蛋白絮片和脓液。胎儿皮下及肌间结缔组织出血性浆液性浸润,胸腹腔有淡红色液体。真胃内有淡黄色或白色黏液絮状物,胃肠黏膜出血。淋巴结肿大,多发生于颌下、颈部、腹股沟和咽淋巴结,灰黄色、较为硬固。流产胎儿和胎衣的病变不明显,偶见胎衣充血、水肿及斑状出血,少数胎儿皮下积有出血性液体,腹腔液增多,有自溶性变化。母牛子宫黏膜的脓肿为灰黄色,呈粟粒状。

3. 流行特点

羊、牛、猪最易感,在一般情况下,初产动物最为易感,流产率也最高,随着产仔胎次的增加,易感性逐渐降低。传染源主要是发病及带菌的羊、牛。患病动物的分泌物、排泄物、流产胎儿及分泌物、乳汁等含有大量病菌。家畜感染后,可终身带菌,成为传染源。本病的传播途径包括皮肤黏膜、消化道、呼吸道以及苍蝇携带和吸血昆虫叮咬等。感染动物首先在同种动物间传播,造成带菌或发病,随后波及人类。本病一年四季都有发生,但以产仔季节为多,牧区发病率明显高于农区。

4. 诊断

根据流行病学调查,孕畜发生流产,第一胎流产多,胎衣不下,子宫内膜炎,母畜不孕;公畜发生睾丸炎、附睾炎,不育;同群家畜中有发生关节炎、腱鞘炎,结合胎儿、胎衣的病理变化,可怀疑为本病,确诊时按《动物布鲁氏菌病诊断技术》(GB/T 18646—2018)要求进行。

（1）细菌学检查　通常取胎儿、胎衣、阴道分泌物、乳汁等作为病料，直接镜检（柯氏染色），如反应为红色，可以确诊。同时接种于含 10%马血清的马丁琼脂斜面，如病料有污染可以用选择性培养基。

（2）血清学试验　试管凝集试验、平板凝集试验是牛、羊检疫的常用方法；全乳环状试验常用于无污染牛群布鲁氏菌病的监测。此外，还可用反向间接血凝试验、抗球蛋白试验、荧光抗体试验、酶联免疫吸附试验（ELISA）、DNA 探针及聚合酶链反应（PCR）诊断技术等。

5. 防制

加强动物群的保护措施，不从疫区引进可能被病菌污染的饲草、饲料和动物产品；尽量减少动物群的移动，防止误入疫区。加强检疫措施，对易感动物群每 2~3 个月进行一次检疫，检出的阳性动物及时清除淘汰，直至全群获得两次阴性结果为止。如果动物群经过多次检疫并将患病动物淘汰后，仍有阳性动物不断出现，则可应用菌苗进行预防注射。在农业农村部许可可以免疫的地区，使用牛布病疫苗 S2 株、M5 株、S19 株疫苗，羊用 M5 株免疫接种。使用方法按说明书规定。

疫情发生时严格按照《布鲁氏菌病防治技术规范》处置。

二、结核病

结核病是由结核分枝杆菌引起的一种人畜共患的慢性传染病，也是牛羊共患病。

1. 临床症状

潜伏期长短不一，一般为 10~45 天，长的达数月至 1 年以上。通常呈慢性经过，初期症状不明显，日渐消瘦，倦怠无力（图 5-17）。

牛患肺结核时，易疲劳，消瘦，被毛干燥，精神不振，发生短而干的咳嗽，后为痛性湿咳，咳嗽频繁，病情加重。呼吸加快或气喘，肺部听诊有干性或湿性啰音，严重的可听到胸膜摩擦音，叩诊有浊音区。胸膜、腹膜发生结核病灶，即所谓的"珍珠病"，胸部听诊可听到摩擦音。体温一般正常。

图 5-17　患病牛

肠道结核多见于幼畜，主要表现消化不良，顽固性下痢和迅速消瘦。生殖器官结核，可见性机能紊乱；发情频繁，性欲亢进，慕雄狂与不孕。孕畜流产，公畜附睾肿大，阴茎前部可发生结节或糜烂等。中枢神经系统结核主要是脑与脑膜发生结核病变，常引起神经症状、癫痫样发作、运动障碍等。

2. 剖检变化

受害的组织器官形成特异性结核结节，为灰白色、半透明的坚实结节，病久的结节中心发生坏死，有的液化形成空洞（图 5-18），有的钙化变硬，周围有白色的瘢痕组织。出现病灶多的部位是肺、胸膜、肝、脾、肾、肠等。在胸膜、腹膜形成的结节如珍珠样，称"珍珠病"（图 5-19）。

图 5-18　结核液化后形成的空洞　　　图 5-19　珍珠样结节

3. 流行特点

动物中以奶牛最易感，次为黄牛、牦牛、水牛，而绵羊、山羊较少发病，罕见于单蹄兽。传染源主要是患病动物和人。本病主要经呼吸道和消化道感染，也可经生殖道、胎盘和损伤的皮肤黏膜感染。舍内饲养的动物过密，而且拥挤，缺乏运动，畜舍通风不良、潮湿、阳光不足，最易患病。结核病是一种慢性传染病，一般呈散发，流行有一定的周期性。

4. 诊断

根据患病动物的临床症状和病理剖检特征病变等，可初步诊断为本病，确诊需进行实验室检查。

（1）细菌学诊断　活体采取痰、乳汁、粪便或其它分泌物（最好采取集菌处理），死畜采取病变组织涂片，经抗酸染色后镜检，见红色的小杆菌可确诊，或做分离培养和动物接种试验。

（2）血清学检查　可采用荧光抗体技术和酶联免疫吸附试验（ELISA）检查病原或检测抗体，诊断快速、准确、检出率高。

（3）变态反应诊断　变态反应是利用结核菌素对动物结核病进行检疫的主要方法，以往使用的有结核菌素（OT）和提纯结核菌素（PPD）两种。PPD 比 OT 特异性高，非特异性反应低，检出率高。

5. 防治

（1）预防　健康牛群，每年春秋各进行 1 次检疫。检出阳性牛，立即隔离或淘汰，其它牛群按假定健康牛群处理。引入牛时需严格进行产地检疫，检疫结果为阴性方可引进，运回后隔离观察 1 个月以上，再进行 1 次检疫，确认健康方可混群。

污染牛群，应反复多次检疫，阳性反应牛应立即淘汰。疑似反应牛隔离观察，复检，如仍为可疑，按阳性牛处理。其余牛按假定健康牛群处理。病牛分娩前对后躯和乳房进行消毒。犊牛出生后立即送往预防室隔离饲养。病牛所产犊牛，出生后只吃 3～5

天初乳，以后喂以消毒乳或健康牛乳。犊牛出生后于1月龄、3~4月龄、6月龄进行3次检疫，呈阳性反应的立即淘汰，阴性者放入假定健康牛群中饲养。

（2）治疗 对结核病牛一般不进行治疗，应早淘汰，以达到净化畜群的目的。对有利用价值的良种牛羊，可用异烟肼、链霉素、曲霉素和对氨基水杨酸等药物治疗。

三、炭疽

炭疽是由炭疽杆菌引起的多种家畜、野生动物和人类共患的一种急性、热性、败血性传染病，也是牛羊共患病。

1. 临床症状

（1）急性型 最急性者突然发病，全身战栗，呼吸困难，可视黏膜发绀，行走摇晃，迅速倒地，昏迷而死。死后天然孔出血（有时带有泡沫），血液凝固不良，尸僵不全。病程数小时，病程稍长的体温升高到40~42℃。沉郁，不食，寒战，呼吸困难，黏膜发绀，并有小点出血；初便秘，后腹泻带血，有时腹痛；尿暗红，有时带血。

（2）亚急性型 症状与急性型相似，病畜多在颈胸、腹、口腔等处出现局限性水肿，初有热痛，后期中心坏死形成炭疽痈。病程2~5天。

牛、羊症状与上相似。

2. 剖检变化

怀疑为炭疽的病畜尸体在一般情况下，禁止剖检。必须进行剖检时，应在专门的剖检室进行，或离开生产场地，准备足够的消毒药剂，人员应有安全的防护装备。

急性死亡多无明显变化，常表现败血症的病理变化，尸僵不全，天然孔流出带泡沫的血液，血液黏稠，颜色为黑紫色，呈煤焦油样，不易凝固。黏膜呈暗紫色，有出血点，剥开皮肤可见皮下、肌肉及浆膜有红色或黄色胶样浸润，并有数量不等的出血点（图5-20）。脾脏高度肿大，比正常大3~5倍，包膜紧张，切面脾髓软如泥状，黑红色（图5-21），用刀可大量刮下。淋巴结肿大，出血。肺充血、水肿。心、肝、肾也有变性。胃肠有出血性炎症。慢性炭疽常见于肠、咽及肺等局部，形成坏疽样病理变化，病灶周围呈胶冻样浸润。

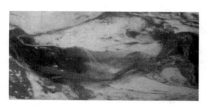
图5-20 肌肉红黄色胶样浸润

图5-21 黑红色脾脏

3. 流行特点

本病的传染源主要是病畜和带菌尸体。病畜的排泄物、分泌物和尸体中的病原体一旦形成芽孢污染环境，可在土壤中长期存活而成为长久的疫源地，随时可以传播给易感家畜；各种家畜、野生动物和人都有不同程度的易染性，不分年龄大小。草食动物对炭疽杆菌最易感，其次是肉食动物，人主要通过污染炭疽杆菌的畜产品而感染。本病可以通过消化道、呼吸道及伤口感染，主要是经采食受污染的饲料、饲草及饮水或饲喂带菌的肉类而感染。本病多为散发，偶呈地方流行性，一年四季都可发生，洪水及干旱季节多发。

4. 诊断

炭疽病畜的经过很急，死亡较快，根据临诊症状诊断比较困难，确诊要靠实验室诊断。

（1）细菌学诊断　根据症状、病变可疑炭疽时，应慎重剖检。方法是取死畜耳静脉或四肢末梢的浅表血管采取血液涂片，用姬姆萨或瑞氏染色液染色，用显微镜检查，看到单个或短链有荚膜的两端平截竹节状大杆菌，即可初步诊断。腐败病料不适于镜检。

（2）动物感染试验　将病料用无菌生理盐水稀释 5～10 倍，对小白鼠皮下注射 0.1～0.2mL，或豚鼠 0.2～0.5mL，经 2～3 天死亡。死亡动物的脏器、血液等抹片，经瑞氏染色镜检，可见多量有荚膜成短链的炭疽杆菌。也可用病料进行培养及炭疽沉淀反应检查。

5. 预防

对炭疽常发地区或威胁地区的家畜，每年定期进行预防注射，是预防本病的根本措施。目前常用的疫苗有以下两种：一是无毒炭疽芽孢苗，一岁以上牛皮下注射 1mL，一岁以下牛 0.5mL；绵羊皮下注射 0.5mL（对山羊不要应用）。注后 14 天产生免疫力，免疫期为 1 年。二是 II 号炭疽芽孢苗，各种家畜均皮下注射 1mL，注射后 14 天产生免疫力，免疫期为 1 年。不满一个月的幼年动物，临产前两个月的母畜，瘦弱、发热及其它患病家畜不宜注射。应用时应严格执行兽医卫生制度。

确认炭疽后立即上报有关单位，并封锁现场，用 20%漂白粉彻底消毒污染的环境。

四、副结核病

副结核也称副结核性肠炎，是由副结核分枝杆菌引起的一种慢性传染病。以顽固性腹泻和逐渐消瘦，剖检可见肠黏膜增厚并形成皱褶为特征。

1. 临床症状

（1）牛　本病潜伏期数月至 2 年以上。病牛体温正常，早期症状为间断性腹泻，以后变为经常性的顽固性拉稀。粪便稀薄、恶臭，带有气泡、黏液和血液凝块。初期食欲正常，后期食欲有所减退，逐渐消瘦，眼窝下陷，精神沉郁，经常躺卧。泌乳逐渐减少，最后全部停止。皮肤粗

图 5-22　患牛消瘦

糙，被毛粗乱，下颌及垂皮可见水肿。尽管病畜消瘦，但仍有性欲。腹泻有时可暂时停止，但有复发。随着病情的发展，病牛高度消瘦和贫血（图 5-22），泌乳停止，最后因衰竭死亡，病程几个月或 1～2 年。

（2）绵羊和山羊 绵羊和山羊的症状相似，潜伏期数月至数年。病羊体重逐渐减轻，间断性或持续性腹泻，造成肛门松弛水肿。粪便稀薄（图 5-23、图 5-24）。

图 5-23　腹泻造成肛门松弛水肿
（张兴会提供）

图 5-24　稀粪便（张兴会提供）

食欲正常，体温正常或略有升高。发病数月以后，病羊表现消瘦、衰弱、脱毛、卧地。在发病的末期可并发肺炎。羊群的发病率为 1%～10%，多数以死亡而告终。

2. 剖检变化

（1）牛 病畜的尸体消瘦。主要病变在消化道和肠系膜淋巴结。消化道的病变在空肠、回肠和结肠前段，特别是回肠呈现慢性肥厚性肠炎，回肠黏膜增厚 3～20 倍，发生硬而弯曲的皱褶，呈脑回样外观。黏膜上面紧附有黏液，稠而混浊，但无结节和坏死，也无溃疡，肠腔内容物甚少。浆膜下淋巴管和肠系膜淋巴管常肿大，呈索状。浆膜和肠系膜都有显著水肿。肠系膜淋巴结肿大变软，切面浸润，上有黄白色病灶，但无干酪样变。

（2）羊 羊的病变与牛基本相似，剖检主要病变为肠系膜淋巴结肿大（图 5-25），回肠的肠黏膜显著增厚（图 5-26）。

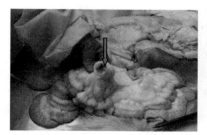

图 5-25　肠系膜淋巴结肿大
（张兴会提供）

图 5-26　回肠黏膜增厚
（张兴会提供）

3. 流行特点

本病主要引起牛（尤其是乳牛）发病，幼年牛最易感，其次是羊和猪，骆驼、马、驴、鹿等动物也可发病。病畜和带菌畜是主要传染源。病畜和带菌畜排出病原体后，污染饲料、饮水、畜舍和牧场，主要经消化道传播；也可在子宫内经胎盘感染。虽然幼年牛对本病最为易感，但潜伏期甚长，可达6~12个月，甚至更长，一般在2~5岁时才表现出临床症状，特别是在母牛开始妊娠、分娩以及泌乳时，易出现临床症状。因此在同样条件下，此病在公牛和阉牛中比母牛少见得多；高产牛的症状比低产牛严重。饲料中缺乏无机盐，可能促进疾病的发展。

4. 诊断

根据流行病学、临床症状和病理变化的特点，尤其是长期顽固性腹泻、消瘦，剖检肠黏膜增厚，脑回样皱褶，一般可作出初步诊断。确诊需靠实验室诊断。注意与牛肠结核、牛沙门氏杆菌病等加以区别。

5. 防治

本病目前尚无有效的免疫和治疗办法。常采取以下措施防治该病。

（1）加强饲养管理 特别是对幼龄牛、羊更应注意给以足够的营养，以增强其抗病力。

（2）变态反应检疫 对所有牛用副结核菌素作变态反应进行检疫，每年进行4次（间隔3个月）。变态反应阴性牛，方准调群或出场。连续3次检疫不再出现阳性反应牛，可视为健康牛群。

（3）扑杀病畜 对应用各种检查方法检出的病畜，要及时扑杀，但对妊娠后期的母畜，可在严格隔离不散菌的情况下，待产犊后3天再扑杀。

（4）严格消毒 被病畜污染过的畜舍、栏杆、饲槽、用具、绳索和运动场等，要用生石灰、来苏水、氢氧化钠、漂白粉、石炭酸等消毒液进行喷雾、浸泡或冲洗。粪便应堆积高温发酵后作肥料用。

五、口蹄疫

口蹄疫是由口蹄疫病毒引起偶蹄动物的一种急性、热性、高度接触性传染病，以口腔黏膜、蹄部及乳房皮肤发生水疱和溃烂（烂斑）为特征。我国把口蹄疫列为一类动物疫病。

1. 临床症状

口蹄疫临床症状以发热和口、蹄部出现水疱为共同特征。表现程度与动物种类、品种、免疫状态和病毒毒力有关。幼畜常突然死于急性心肌炎。

（1）牛 潜伏期约2~4天，最长1周左右。病牛体温升高至40.5~41℃，精神沉郁，食欲不振，反刍停止，口腔黏膜潮红，几分钟后在唇内面、齿龈、舌面和颊部黏膜上出现黄豆大至核桃大的水疱（图5-27）。这时病牛流涎增多，线状口涎挂满口角及唇边。水疱约经1天后破溃形成红色糜烂，体温降至正常。在口腔水疱出现的同时或稍后，趾间及蹄冠的皮肤上也出现水疱，迅速破溃，出现糜烂（图5-28），或干燥结成硬痂，甚至蹄匣脱落。乳头皮肤有时也可出现水疱，很快破裂形成烂斑，如无继发感染，溃疡逐渐愈合；如波及乳腺可引起乳房炎，泌乳量显著减少，甚至泌乳停止。孕牛可发生流产。

 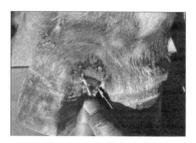

图 5-27 舌部水疱　　　　图 5-28 水疱破溃糜烂

本病一般多呈良性经过，经约 1 周即可痊愈，如果蹄部出现病变时，则病期可延至 2 周或更久，病死率低。病愈后可获得 1 年左右的免疫力。吮乳犊牛患病时，水疱症状不明显，表现为出血性肠炎和心肌麻痹，突然倒地死亡，病死率很高。

（2）羊　症状与牛大致相同。发病率低且症状较轻，水疱以蹄部为主，病羊跛行。绵羊蹄部症状明显，山羊口腔多见弥漫性口膜炎，水疱生于硬腭舌面，蹄部症状较轻。羔羊常因出血性胃肠炎和心肌炎而死亡。

2. 剖检变化

除口腔和蹄部的水疱和烂斑外，在咽喉、气管、支气管和反刍动物前胃黏膜可见圆形烂斑和溃疡，真胃和肠黏膜有出血性炎症。心肌病变具有特征性，心包膜有弥散性或点状出血，心肌松软似煮肉样，心内外膜、心肌切面有灰白色或淡黄色斑点或条纹，好似老虎身上的斑纹，俗称"虎斑心"（图 5-29）。

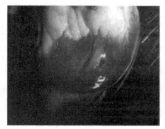

图 5-29 虎斑心

3. 流行特点

口蹄疫病毒在患病动物的水疱液、水疱皮、淋巴液及发热期血液内的含量最高，退热后病毒可以出现于乳、粪、尿、泪、涎水及各脏器中。本病毒在外界的存活力很强，耐干燥，在污染的饲料、用具、毛皮、土壤中可保持传染性达数月之久。水疱液中的病毒 60℃经 5～15min 可灭活，80～100℃很快死亡。鲜奶中的病毒 37℃可生存 12h，高温和紫外线对病毒具有很好的杀灭作用。阳光曝晒、一般加热都可杀灭口蹄疫病毒，2%～4%氢氧化钠、0.2%～0.5%过氧乙酸、10%的石灰乳、20%漂白粉、3%～5%福尔马林等常用消毒剂溶液均能杀灭口蹄疫病毒，但碘酊、酒精、石炭酸、来苏水、新洁尔灭、季铵盐类消毒药对口蹄疫病毒无杀灭作用。

（1）易感动物　口蹄疫病毒可感染的动物多达 33 种，自然感染主要发生于偶蹄兽中，家畜中以黄牛为最易感，水牛、牦牛、绵羊、山羊次之。

（2）传染源 患病动物是主要传染源，甚至在出现临床症状之前就能排毒，病毒存在于破溃的水疱皮、水疱液内，发热期粪、尿、乳、精液、组织液、唾液均可排毒。感染动物特别是猪、牛呼（喷）出的气溶胶，也是病毒的重要传播方式。患病动物病后可在一定的时期内带毒，将病后数月到 1～5 年的牛羊运到非疫区，可使健康牛羊感染而引起发病，病牛有 50%可能带毒 4～6 个月，少数 2～3 年。猪一般不带毒或带毒时间很短（不超过 10 天）。

（3）传播途径 本病可通过呼吸道、消化道和损伤的黏膜和皮肤感染。动物产品如肉、血、骨、皮、蹄、乳等可能长期带有病毒，如处理不当，可将疫病传入另一地区或国家。

4. 诊断

本病多侵害偶蹄动物，传播迅速，呈流行性或大流行性发生，多为良性经过。根据患病动物的口腔和蹄部有水疱和烂斑，死后剖检见虎斑心病变等特点，可做出初步诊断。确诊需要进行实验室诊断。酶联免疫吸附试验（ELISA）反应灵敏、特异性强、操作快捷，可直接鉴定病毒的亚型。

5. 预防

有口蹄疫感染地区可对易感动物每年接种疫苗 1～2 次。我国对口蹄疫实行强制免疫，免疫密度必须达到 100%。平时要做好口蹄疫的免疫接种工作，选择与流行毒株相同血清型的口蹄疫疫苗用于牲畜的预防接种。目前用于预防口蹄疫的有口蹄疫 A 型灭活疫苗、口蹄疫 O 型灭活疫苗和口蹄疫 O 型、A 型二价灭活疫苗，其对牛、羊均安全有效。犊牛在 90 日龄时进行初免，间隔 1 个月进行一次强化免疫，以后每隔 6 个月免疫一次；母牛分娩前 2 个月接种一次，母羊分娩前 4 周接种一次。

发生口蹄疫时，应立即上报疫情，及时采取病料，迅速送检确诊定型，划定并封锁疫点、疫区，捕杀患病动物及同群动物，将尸体焚烧。对污染的环境和用具进行彻底消毒。疫区内的假定健康动物及受威胁区的易感动物应进行紧急免疫接种。待最后 1 头病畜捕杀后，3 个月内不再出现新的病例，报上级机关批准，经大消毒后解除封锁。

六、巴氏杆菌病

巴氏杆菌病又称为牛出血性败血症，是一种由多杀性巴氏杆菌引起的急性热性传染病。在牛群发生本病时，一般查不出传染源，往往认为牛在发病前已经带菌。羊巴氏杆菌病分布较广泛，又称羊出血性败血病。

1. 临床症状

（1）牛 潜伏期为 2～5 天，临床症状可分为败血型和肺炎型。

① 败血型：病初体温升高达 41～42℃，脉搏加快，精神沉郁，呼吸困难，被毛粗乱，肌肉震颤，皮温不整，结膜潮红，鼻镜干燥，食欲减退或废绝，泌乳下降，反刍停止。随病情发展，病牛表现腹痛，开始下痢，初为粥状粪便，后腹泻，排泄物稀

而带有黏液和血液，恶臭，有时尿中也带血。

病牛头颈咽喉部结缔组织出现炎性水肿，吞咽困难，触摸热痛而硬，后变凉，疼痛减轻。同时舌及周围组织高度肿胀，舌伸于齿外，呈暗红色，病牛流涎，流泪，磨牙，往往在12～36h内由于窒息而死亡。

② 肺炎型：临床主要表现纤维素性胸膜肺炎症状，病牛呼吸困难，干咳而痛苦，流泡沫样鼻汁，后呈脓性。听诊有水泡性杂音及胸膜摩擦音，胸部叩诊出现浊音区及疼痛感。病牛先便秘，后下痢，粪便恶臭并混有血液，病程一般3～7天。

（2）羊　本病在幼龄绵羊和羔羊中常发，而在山羊中不易感染。分为急性型和慢性型。

① 急性型：潜伏期很短，多见于哺乳羔羊，突然发病，出现寒战、虚弱、呼吸困难等，常在数小时内死亡。病程稍长的病羊精神沉郁，体温升高到41～42℃，咳嗽，鼻孔流血并混有黏液。病初便秘，后期腹泻，有的粪便呈血水样，最后因腹泻脱水而死亡。

② 慢性型：病羊消瘦，食欲减退，咳嗽，呼吸困难，死前极度消瘦。

2. 剖检变化

（1）牛　牛的剖检具有典型的病理变化。

① 败血型：呈全身性急性败血症变化和咽喉部急性炎性水肿。病牛尸检可见咽喉部、下颌间、颈部与胸前皮下发生明显的凹陷性水肿，手按时会留压痕；有时舌体水肿，肿大并伸出口腔。切开水肿部会流出微混浊的淡黄色液体。上呼吸道黏膜呈急性卡他性炎；胃肠呈急性卡他性或出血性炎；颌下、咽背与纵隔淋巴结呈急性浆液出血性炎。全身浆膜与黏膜出血。

② 肺炎型：表现为纤维素性肺炎和浆液纤维素性胸膜炎。肺组织颜色从暗红、炭红到灰白，切面呈大理石样。随病变发展，在肝变区内可见到干燥、坚实、易碎的黄色坏死灶，个别坏死灶周围还可见到结缔组织形成的包囊。胸腔积聚大量有絮状纤维素的浆液。此外，还常伴有纤维素性心包炎和腹膜炎。

（2）羊　剖检一般在皮下有液体浸润和小点状出血，胸腔内有黄色渗出物，肺有淤血、小点状出血和肝变，偶见有黄豆至胡桃大的化脓灶，胃肠道出血性炎症，其它脏器呈水肿和淤血，偶有小点状出血，但脾脏不肿大。病期较长者尸体消瘦，皮下胶样浸润，常见纤维素性胸膜炎，肝有坏死灶。

3. 流行特点

本菌对多种动物和人均有致病性，家畜中以牛发病较多，幼龄绵羊和羔羊常发，而山羊不易感染。主要通过污染饲料和饮水经消化道而传染于健康牛，或由咳嗽、喷嚏排出病菌，通过飞沫经呼吸道传染。另外吸血昆虫的媒介和皮肤黏膜的伤口也可发生传染。本病的发生一般无明显的季节性，但在气候骤变、潮湿多雨时多发生，一般为散发性。病原体可在健康牛、羊的上呼吸道内存在，当动物抵抗力下降时即可引发此病。

4. 诊断

根据流行病学特点，临床症状及病理剖检变化，可对本病作出初步诊断。但必须进行细菌学检查才能确诊。

5. 防制

（1）预防 要着重于日常的饲养管理，避免受寒、受热、拥挤，增加牛体抗病能力，畜舍要定期消毒，消毒药液选用3%氢氧化钠、5%漂白粉或10%石灰乳等。

（2）治疗 发生本病时，应立即隔离病牛和疑似病牛进行治疗。

① 用盐酸四环素8～15g，溶解在5%葡萄糖注射液1000～2000mL中静脉注射，每日2次效果较好。

② 用氟甲砜霉素和硫酸卡那霉素联合用药，配合地塞米松磷酸钠，肌内注射。氟甲砜霉素20mg/kg体重，硫酸卡那霉素5万IU/kg，地塞米松磷酸钠4mg/只，每天1次，连用3天。

③ 用2%氧氟沙星针剂每千克体重3～5mg肌内注射，复方庆大霉素针剂肌内注射每日2次，3天为1个疗程。

七、瘤胃臌气

瘤胃臌气是由于瘤胃内草料发酵，迅速产生大量气体而引起的疾病，多发于春末夏初。

1. 临床症状

腹部臌胀，尤以左坎部为甚，严重者可高出脊背（图5-30）。叩诊瘤胃紧张有弹性，呈鼓音。病畜常回头顾腹、用后肢踢腹，心跳加快，每分钟可达100次以上。口中流有泡沫唾液，呼吸每分钟可达60～80次。拉稀或无粪便，有粪便时，粪便恶臭，且含有未消化的饲料，不反刍，不吃草，不吃料。末期，运动失调，站不稳或倒地不起，不断呻吟，最后常因呼吸严重困难或心脏停搏而死亡。

图5-30 瘤胃臌气

2. 防制

瘤胃臌气的治疗原则：排气消胀，缓泻止酵，强心输液，健胃解毒。

（1）预防

① 不饲喂易发酵的幼嫩多汁或沾有雨水的饲草。在饲喂时把含水分过多的青草晾晒再喂，以便减少含水量。

② 切勿给予发霉、腐败、冰冻、块根植物及毒草。

③ 限制青绿饲草的饲喂量，特别是萝卜、甜菜等，饲喂后要注意观察。由于青绿

饲料适口性好，突然添加青绿饲料时，采食量会增加，在饥饿时过量采食青绿饲料最容易发生瘤胃臌气。

（2）治疗

① 当腹围显著膨大，呼吸极度困难时，应迅速用瘤胃穿刺术，放气进行急救，但放气不能过快，以免大脑贫血而昏迷。

② 放气后，用植物油 1kg，碳酸氢钠 100g，白萝卜籽 100g（炒黄，捣细）加水适量，一次灌服。

八、前胃迟缓

前胃迟缓是因前胃神经兴奋减低和腹肌收缩力降低，导致瘤胃内容物运转迟滞、菌群失调、异常发酵、食物腐败而引起的消化不良综合征。

1. 临床症状

采食后几个小时内发生，病牛羊食欲减退或废绝，反刍、嗳气减少或停止，鼻镜干燥。轻度腹痛，背腰拱起，后肢踢腹，呻吟摇尾，回头顾腹。左侧下腹部膨大，触诊瘤胃，病畜疼痛不安，瘤胃内容物黏硬或坚实，叩诊呈浊音，瘤胃蠕动音初期增强，以后减弱或消失。排粪迟滞，粪便干少色暗，有时排少量恶臭的稀便。尿少或无尿，呼吸急促增数，可视黏膜发绀，一般体温不高，严重者四肢颤抖，疲倦乏力，卧地不起，呈昏迷状态。根据病后的特征，如食欲异常、前胃蠕动减弱、体温脉搏不正常等，即可确诊。

2. 防治

（1）预防

① 加强饲养管理：固定牛舍，不轻易改变。固定饲料精粗比例，保证牛、羊日粮搭配合理、饲料营养充分，有足够和清洁的饮水；不喂腐败变质的饲料、发霉干草、酸败豆渣酒糟、冰冻饲料；清除饲料中毛发、塑料布等异物。

② 勿乱用抗生素，尤其是勿大剂量服用磺胺类药物或四环素类药物。

（2）治疗

① 停食 1～2 天后，改喂青草和优质干草。

② 防止酸中毒可静脉注射 3%～5%碳酸氢钠 300～500mL。缓泻和健胃可用石蜡油 500mL，人工盐 300g，大黄末 100g，加适量水灌服。

③ 兴奋瘤胃可用 10%氯化钠和 10%氯化钙注射液，或 20%安钠咖 10mL，静脉注射。

④ 接种健康牛、羊的瘤胃液。

九、瘤胃酸中毒

牛瘤胃酸中毒是因采食大量的谷类或其它富含碳水化合物的饲料，导致瘤胃内产生大量乳酸而引起的一种急性代谢性酸中毒。病牛表现为消化障碍、瘤胃运动停滞、脱水、酸血症、运动失调、衰弱，常导致死亡。本病又称乳酸中毒、反刍动物过食谷物、谷物性积食、乳酸性消化不良、中毒性消化不良、中毒性积食等。

1. 临床症状

（1）轻微瘤胃酸中毒 病牛表现神情恐惧，食欲减退，反刍减少，瘤胃蠕动减弱，瘤胃胀满，呈轻度腹痛，间或后肢踢腹，粪便松软或腹泻。若病情稳定，无需任何治疗，3～4 天后能自动恢复进食。

（2）中度瘤胃酸中毒 病牛精神沉郁，皮肤干燥、弹性降低，鼻镜干燥，眼窝凹陷，尿量减少或无尿，食欲废绝，反刍停止，流涎，磨牙，粪便稀软或呈水样，有酸臭味。体温正常或偏低，如果在炎热季节，患畜暴晒于阳光下，体温也可升高至 41℃。呼吸急促，达每分钟 50 次以上；脉搏加快，达 80～100 次/min。病牛虚弱或卧地不起。听诊瘤胃蠕动音减弱或消失，听叩结合检查有明显的钢管叩击音。以粗饲料为日粮的牛在吞食大量谷物之后发病，进行瘤胃触诊时，瘤胃内容物坚实或呈面团感；而吞食少量谷物发病的病牛，瘤胃并不胀满；过食黄豆、苕籽者不常腹泻，但有明显的瘤胃臌胀。

（3）重度瘤胃酸中毒 病牛蹒跚而行，碰撞物体，眼反射减弱或消失，瞳孔对光反射迟钝，卧地，头回视腹部，对任何刺激的反应都明显下降；有的病牛兴奋不安，向前狂奔或转圈运动，视觉障碍，以角抵墙，无法控制。随病情发展，后肢麻痹、瘫痪、卧地不起，最后角弓反张，昏迷而死。最急性病例，往往在采食谷类饲料后 3～5h 内无明显症状而突然死亡，有的仅见精神沉郁、昏迷，而后很快死亡。

2. 防制

（1）预防 肉牛由高粗饲料向高精饲料的变换要逐步进行，应有一个适应期，不可随意加料或补料。要防止牛闯入饲料库、仓库、晒谷场，暴食谷物、豆类及配合饲料。

（2）治疗

治疗原则为加强护理，清除瘤胃内容物，纠正酸中毒，补充体液，恢复瘤胃蠕动。

① 药物治疗：对轻度瘤胃酸中毒病牛，及时改进饲养方式，数天内可康复。若病牛心率低于 100 次/min，轻度脱水，瘤胃尚有一定蠕动功能，则只需投服抗酸药、促反刍药和补充钙剂即可。

② 瘤胃切开术：重度型病牛（心率每分钟 100 次以上，瘤胃内容物 pH 值降至 5 以下）宜行瘤胃切开术。先排空内容物，用 3%碳酸氢钠或温水洗涤瘤胃数次，尽可能彻底地洗去乳酸。然后，向瘤胃内放置适量轻泻剂和优质干草，条件允许时可给予正常瘤胃内容物接种，并静脉注射钙制剂和补液。若发生酸、碱或电解质平衡失调，应补充碳酸氢钠。

③ 瘤胃冲洗：当临床症状不太严重或不能进行瘤胃切开术时，可采取洗胃治疗，即使用大口径胃管以 1%～3%碳酸氢钠液或 5%氧化镁液、温水反复冲洗瘤胃，通常需要 30～80L 的量分数次洗涤，排液应充分，以保证效果。冲洗后瘤胃内可投服碱性

药物（碳酸氢钠或氧化镁 300~500g 或用碳酸盐缓冲剂），补充钙制剂和体液；也可用石灰水（生石灰 1kg，加水 5kg，充分搅拌，用其上清液）洗胃，直至胃液呈碱性为止。最后再灌入 500~1000mL 健康牛的瘤胃液（根据动物体格大小决定灌入量）。因为瘤胃仍处于弛缓状态，应避免大量饮水，以防出现瘤胃臌胀。瘤胃恢复蠕动后，即可自由饮水。因条件所限而不能采取洗胃治疗的病牛，可按每 100kg 体重静脉注射 5% 碳酸氢钠注射液 1000mL，并投服氧化镁或氢氧化镁等碱性药物后，服用青霉素溶液，以促进乳酸中和以及抑制瘤胃内牛链球菌的繁殖。当脱水表现明显时，可用 5%葡萄糖氯化钠注射液 3000~5000mL、20%安钠咖注射液 10~20mL、40%乌洛托品注射液 40mL，静脉注射。为促进胃肠道内酸性物质的排除，促进胃肠机能恢复，在灌服碱性药物 1~2h 后，可服缓泻剂，牛用液体石蜡 500~1500mL。

十、瓣胃阻塞

瓣胃阻塞又称瓣胃秘结或百叶干，主要是因牛羊的胃运动机能出现障碍，使牛瓣胃收缩能力减弱而引发草料停滞在瓣胃，水分被吸收之后引起瓣胃麻痹，进而出现瓣胃秘结以及扩张等病症（图 5-31）。该病发生与饲养管理有较大关联，长期饲喂过细饲料、长期饲喂粗纤维高且坚韧的蔓藤类食物、突然更换饲料、长期饮水不足、运动量不足、受到惊吓应激等都可诱发该病。

图 5-31 瓣胃内容物干涸

1. 临床症状

（1）发病初期 瓣胃阻塞初期症状和前胃弛缓比较相似，表现为精神沉郁、食欲减退、反刍和嗳气减少，以及瘤胃蠕动机能减弱等，瘤胃轻度臌气，瓣胃蠕动音微弱或消失。病牛出现腹痛、后脚踢腹部等现象。于右侧腹壁瓣胃区（第 7~9 肋间的中央）触诊，病牛感疼痛；叩诊，浊音区扩张，精神迟钝，时而呻吟。便秘，粪呈饼状或干小呈算盘珠样。

（2）发病中期和后期 病牛食欲、反刍消失，空嚼、磨牙，精神沉郁，反应减退，鼻镜干燥、龟裂，这也是瓣胃阻塞较为明显的症状之一。呼吸浅表、快速，心脏机能亢进，脉搏增数。病牛皮温不均，四肢无力。后期瓣胃叶坏死，伴发肠炎和全身败血症。体温升高，食欲废绝，排粪停止，或排出少量黑褐色糊状、带有少量黏液恶臭粪便。尿量减少，呈黄色，或无尿。结膜发绀，形成脱水与自体中毒现象，卧地不起，病情显著恶化。

2. 防治

（1）预防 预防本病应避免长期饲喂糠麸及混有泥沙的饲料，同时注意适当减少坚硬的粗纤维饲料；铡草喂牛时，注意不能将饲草铡得过短，并适当增加运动。

（2）治疗 瓣胃阻塞治疗原则应根据瓣胃内容物及前胃运动机能判断，瓣胃阻塞早期应与前胃迟缓鉴别诊断。根据牛鼻镜干裂，粪便黑硬、呈串珠样，腹右侧第7～9肋间关节水平线初诊敏感等结合全身变化进行判断。治疗应及时给予病牛泻剂，针对症状较重的病牛，应给予瓣胃注射和补液，加强病牛的护理。

① 灌服泻剂：对于症状轻微的患牛可用液态石蜡油1000～1500mL或硫酸镁500～800g，加40℃左右的温水3000～5000mL，用胃管对病牛进行灌服。灌服12h后，可用扫帚在病牛腹部反复扫动以帮助瓣胃蠕动。

② 瓣胃注射：用药后无效或症状较为严重的患牛可进行瓣胃注射用药，可用10%硫酸钠溶液2000～3000mL、液态石蜡油500mL、普鲁卡因2g、盐酸土霉素粉5g混合后一次注入瓣胃，注射完毕后，快速抽回针头，用碘酒局部消毒。瓣胃位置确定：病牛站立位，在右侧第七到第九肋间与肩关节水平线交点下1～2cm处剪毛消毒穿刺，注意入针方向，若是刺入瓣胃有沙沙的感觉，针头会随着病牛呼吸微微摆动，也可以先给病牛注射50mL生理盐水，注射后拔出针头看注射器中是否有少量粪渣。

③ 瓣胃冲洗术：药物治疗无效的时候，可以行瓣胃切开术。皱胃切开，使病牛处于横卧位，将皱胃切口缝在皮肤缘上，之后用胃管通过皱胃将其送到瓣胃，再用温生理盐水冲洗瓣胃，一直到瓣胃变柔软变小为止。术后做好病牛的护理工作，给予容易消化的饲料或流质饲料。患牛好转后应加强饲养管理工作，减少粉状饲料、劣质饲料喂量，增加青绿多汁饲料喂量，供应充足清洁的温水，并定期给牛喂服健胃药物。

十一、创伤性网胃炎

创伤性网胃炎是反刍兽采食时吞下尖锐的金属异物（铁钉、铁片等）进入网胃内，由于网胃收缩异物损伤网胃壁而引起的网胃炎症。若异物刺伤网胃，又穿透膈肌伤及心包，使心包发生炎症者，称为创伤性网胃心包炎。

1. 临床症状

病情呈渐进性发展，从急性炎症阶段到亚急性阶段再到慢性阶段。最初急性阶段，病牛突然表现出前胃迟缓症状，但按前胃迟缓治疗，病情不好转，反而有所加重。病牛食欲突然减退，体温升高，一般达到39.5～41.5℃，同时瘤胃发生臌气。随着病情的不断恶化，金属异物会继续前移而刺入心包，导致心包膜甚至是心肌发生损伤，从而引发一系列的炎症变化，发展成创伤性心包炎。此时病牛主要表现出精神萎靡，神情呆滞，磨牙，食欲减退甚至完全废绝等现象。瘤胃蠕动和反刍基本消失或者彻底消失，且瘤胃发生慢性臌气，排粪量减少，且较干，色泽变黑。病牛不愿走动，常呈呆立状态，且站立时一般会出现外展前肢肘关节的现象，拱背，保持体位姿势前高后低。病牛心跳加速，每分钟达到90～120次，心音明显异常，听诊心区部位时能够听到明显的拍水音，在病程后期心音变得模糊、低沉，同时听诊区域明显增大。部分病牛还会表现出静脉怒张，同时能够在怒张部位看到出现随心跳节律而波动的现象。病牛结膜发绀，胸前、颈前、颌部发生水肿。

2. 剖检症状

剖检可见网胃化脓性炎症,网胃粘连在腹壁上;心包增大,心包积液增多,有恶臭味,在创伤处能够看到异物(图 5-32、图 5-33),有一层厚似绒毛样的纤维蛋白絮状物覆盖在心肌外表面,也称"绒毛心",心肌变软。

图 5-32 创伤性网胃炎引发腹膜炎

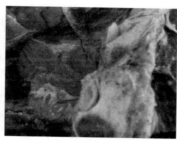
图 5-33 胸腔化脓感染

3. 防制

(1)预防 一旦发生创伤性网胃炎,治疗效果不佳,因此本病应以预防为主,应防止尖锐金属异物混入饲料、饲草中。定期实施瘤胃、网胃去铁,采用金属探测器对牛群进行检查,对阳性牛用瘤胃取铁器实施瘤胃、网胃取铁。

(2)治疗

① 保守疗法:对金属异物不再前行的病牛实施保守药物治疗。一般把牛困在牛栏里 3 周,前腿比后腿高 35~40cm,限制其行动。皮下、肌内或静脉注射抗生素 5~7 天用于控制感染,抗菌消炎,同时给予葡萄糖、生理盐水、碳酸氢钠等补液治疗。创伤性网胃心包炎病牛治愈希望极小,一般及早淘汰处理病牛。

② 手术疗法:使病牛保持自然站立,然后保定牢固,剪去左侧肷部的被毛并进行消毒,对局部采取浸润麻醉。在左侧第 4 腰椎横突游离缘下面的 5~6cm 处切开,朝向下方的垂直切口,长度在 20cm 左右,腹壁切开后将皮肤、肌肉逐层切开,使腹膜组织露出,然后将腹膜用镊子提起,再切一个小口,将食指、中指插入腹腔作为向导,在两指缝中间将腹膜用钝头剪刀剪开,使腹腔完全打开,再将整只手伸入腹腔进行检查,触摸网胃和横膈肌没有存在异物后,将瘤胃切开,注意切开前要先将其进行固定,同时在切口线的 1/3 处切一个小口,使瘤胃内的气体放出,然后再切开瘤胃,与此同时手术者戴上一次性乳胶手套,将胃内容物的大约 1/2 取出,将手经由瘤网胃孔伸入到网胃内寻找异物,并将其拔出,接着对伤口及创口边缘周围进行清洗,还要向腹部倒入 250mL 添加有盐酸普鲁卡因、青链霉素的生理盐水,闭腹,涂擦碘酊进行消毒。病牛术后体况有所下降,为确保其尽快恢复,要禁止其运动。

十二、酮血病

牛酮血病是指牛体内糖类和脂肪代谢障碍引起的一种代谢性疾病。临床上以产乳量下降、酮血、酮尿、酮乳、运动障碍为特征。本病常见于产后 6 周以内的泌乳牛，尤其多发于营养良好、运动不足的高产母牛，也可见于奶山羊和绵羊。

本病常与日粮饲喂不合理有关，饲料中糖类物质或生糖物质（粗纤维）含量不足，而蛋白质和脂肪的含量丰富容易诱发本病。此外，胃肠道疾病、饥饿等也可继发该病。

1. 临床症状

病畜表现为消化不良，食欲减退，反刍减少，不愿采食精料，仅吃少量干草和其它粗料，有时有异食现象，粪便干硬或腹泻、恶臭。泌乳量减少，乳汁加热散发出酮体气味（烂苹果味）。病牛呼出的气体、口腔和尿中有酮体气味，严重者进入圈舍即可闻到。病牛初期兴奋不安，狂躁，有时横冲直撞，随后表现为精神沉郁，步态不稳，后肢瘫痪，严重者头弯向一侧，呈昏睡状态。病初 1~3 天，尿液由淡红色逐渐变为红色、暗红色直至紫红色和棕褐色，以后又逐渐消退。随着病情的发展，贫血逐渐加剧，皮肤和可视黏膜的颜色变淡或呈苍白色，黄疸。

2. 防治

（1）预防 合理搭配精、粗饲料，避免喂单一饲料；母牛妊娠后期和产犊后，适当减少精料，并增加胡萝卜、甜菜等的饲喂。适当增加运动量，控制和减少肥胖。

母牛每天添喂 50mg 丙二醇，连用 2 天，有预防发病的作用。在精饲料中加入 2%碳酸氢钠或 0.8%氧化镁，可减少本病的发生。

（2）治疗

① 高糖疗法：静脉注射 10%~50%葡萄糖注射液，每次 300~500mL，2 次/日。或每天用红糖或白糖 500~1000g 溶于水中，分两次内服，连用数天；或用生糖物质（丙二醇），第一天 100g，以后每天 500g，加水溶解后灌服，2 次/日，连用 5~10 天。

② 激素疗法：氢化可的松或肾上腺皮质激素 1g，皮下注射。亦可与高糖疗法配合进行，效果更好。

③ 对症治疗：消化不良者用健胃消食药，兴奋不安者用镇静药，伴发酸中毒者内服碳酸氢钠 50~100g，或大黄苏打片 50g，或 5%碳酸氢钠溶液 300~500mL，静脉注射。

④ 辅助疗法：在治疗过程中同时加强饲养管理，增加饲料中的含磷量。

⑤ 调整饲料：调整饲料配方，减少脂肪在饲料中的含量，增加含糖丰富的饲料和优质青干草，补充维生素。

十三、妊娠毒血症

妊娠毒血症是发生于母牛、母羊妊娠末期的一种脂肪代谢障碍性疾病。临床上以精神沉郁、虚弱、顽固性不吃不喝、运动失调、呆滞凝视、卧地不起甚至昏睡、失明为特征。同时伴有低血糖、高酮血症等代谢变化。本病在反刍动物中主要发生在绵羊上，因此也叫绵羊妊娠病、孕羊酮尿病，也可发生于母牛上，但多见于肥胖母牛，又称肥胖母牛综合征、牛脂肪肝病。本病的发生与脂肪代谢障碍、垂体-肾上腺皮质系统功能紊乱、运动不足及应激等因素有关。

1. 临床症状

牛一般于妊娠的后两个月发病。病初精神沉郁、嗜睡或呆立凝视，食欲减退或废绝。病情进一步发展，呼吸加快，呼出的气体和排出的尿液有酮体气味。粪便少而干硬，表面常有黏液或血附着。鼻镜干燥甚至龟裂，流清亮鼻液。后期出现运动失调，步态谨慎或蹒跚，盲目走动，头低于物体上或者做圆圈运动。最后卧地不起，呻吟，衰竭死亡。

羊的症状与牛相似，病初精神沉郁，食欲减退，体温正常。后期食欲废绝，出现神经症状，反应迟钝，运动失调，流涎磨牙；头颈部肌肉抽搐震颤，致使头颈歪斜或后仰，呈观星姿势，或背线呈 S 状弯曲；视力减退甚至失明；呼出气体带酮味。最后卧地不起，昏迷，直至死亡，不死者发生难产。

依据病史、临床症状和饲养管理情况进行综合分析，必要时实验室诊断，用血清学检查（检测血糖、血酮、血脂、黄疸指数和天门冬氨酸氨基转移酶）和病理学检查（肝肾严重脂肪变性，肿大明显，触之有油腻感）。本病注意与生产瘫痪相区别，后者常发生于分娩前后，发病更急，多发于高产乳牛。用乳房送风疗法和钙剂静脉注射有良好疗效。

2. 防治

（1）预防 加强饲养管理，保证妊娠后期饲料中有足够的糖类，蛋白质含量在10%左右。避免饲养制度突然改变，加强运动，每天驱赶运动两次，每次 1h 左右，晴天最好做户外活动。

（2）治疗

① 保肝解毒，降低血脂：10%葡萄糖注射液（牛 1000～1500mL，羊 300～500mL）、维生素 C（牛 30～50mL，羊 10～20mL）、维生素 B_1（牛 20～40mL，羊 10～15mL）静脉注射。此外，可试用 12.5%肌醇注射液（牛 30～50mL，羊 10～15mL）每日静脉或肌内注射 1～2 次。

② 促进糖原异生和新陈代谢：甘油或丙二醇（牛 200～500mL/d，羊 50～100mL/d）口服。氢化可的松（牛 100～300mL，羊 30～80mg）混于 5%葡萄糖注射液中静脉注射。

③ 对症治疗：有酸中毒表现的，可静脉注射 5%的碳酸氢钠注射液，消化机能减弱的，可口服健胃药和助消化药（龙胆酊、陈皮酊、大黄苏打片、曲麦散、补中益气汤）。药物治疗无效者，可施行人工引产或剖宫产，以保全母体。

十四、生产瘫痪

生产瘫痪又称为乳热症、低钙血症，是母畜产前或产后的一种突发性、急性神经障碍性疾病，临床上以咽和舌及四肢发生瘫痪（图 5-34）、低血钙、昏迷、知觉丧失为

图 5-34 四肢瘫痪

特征。该病主要多见于产仔多的牛羊，发生在产前或产后数日内，发病急，症状重，主要是由于母畜的血糖和血钙降低，引起发病，若不及时采取治疗措施，可造成母畜死亡。

1. 临床症状

多在产后 1～6 天发病，急性产后 1～3h 卧地不起而发病，初期病牛有短暂的兴奋不安，对外界反应迟钝；继而精神沉郁，肌肉震颤，口流清涎，运步异常，走路不稳，左右摇晃，四肢无力，若摔倒在地，则很难站起，卧倒后四肢屈于胸腹之下，头颈弯向胸侧。也有的病牛倒卧后头颈四肢伸直，不久后进入昏迷，意识和知觉丧失，耳、鼻、皮肤、四肢发凉，呼吸深缓，伴有痰鸣声，鼻镜湿润汗不成珠，有时无汗，有时磨牙和发出吭吭声，脉搏微弱，胃肠蠕动停止，体温可降至35～36℃。严重者后肢张开，呈麻痹状态，针刺不敏感，反射性极差，大小便失禁，头颈偏向一侧，大多患畜似犬卧姿势，低头、眼闭耳聋。

2. 防制

（1）预防 平时要注意给怀孕母畜补喂矿物质饲料，如在饲料中添加 3%的骨粉和 5%的黑豆粉，有助于防治本病。对于高产牛羊，应在其产前及产后加喂多维钙片或其它钙片，每天 10～20 片，混入精料中喂给，也有较好的预防效果。

（2）治疗

① 糖钙疗法：提高血糖血钙浓度，用 10%葡萄糖酸钙 800～1000mL，50%葡萄糖溶液 500～800mL，复方氯化钠 1000～1500mL，静脉注射 1 次。此为特效疗法，轻症病牛输液后病情立刻缓解，很快就能站起来，为巩固疗效，防止复发，第 2 天还可再输 1 次。病重患牛要持续输液 3～5 天。要特别注意钙制剂有刺激性，输液时针头必须准确刺入血管，不得有外渗，否则易引发静脉周围炎。输液顺序是针头刺入血管后，先输复方氯化钠，待下顺后再接输钙和糖，在输钙制剂时速度不易过快。如果不慎有药液漏出，可吸出漏出的药液，并用 25%硫酸钠溶液 10～15mg，使其形成不溶性硫酸钙，以缓解对局部的刺激性。

② 增加营养：钙糖片 100～200 片、维生素 E 100～200 粒、鱼肝油丸 100～200 粒，加常水投服。

③ 乳房送风疗法：乳房送风疗法是目前治疗奶牛产后瘫痪最有效和最简便的方法，即往乳房内打气，使乳房内压升高，流入乳房的血液减少，随血流进初乳而丧失的钙也减少，血钙水平得以提高，此方法特别适用于对补糖、补钙疗法反应不佳或者复发的病例。

具体方法是：先将患牛乳房内的乳汁挤尽，用 75%的酒精棉球涂擦 4 个乳头，再将消毒过的乳导管涂上凡士林，插入乳头孔内，外接送风器，向乳房内慢慢打气，4 个乳区之间互不相通，送风应逐个进行，至乳房皮肤紧张，乳腺基部边缘清楚并变厚，轻轻敲击呈鼓音为准。打满气后，用绷带条将 4 个乳头松紧适度地结扎起来，以防空气逸露，待奶牛起立后经过 1h，将绷带条解除，多数病例一次收效，如未见好转，经 6～8h 后再重复 1 次。如果奶牛患有乳房炎，禁止使用乳房送风疗法，防止炎症扩散。

十五、乳房炎

乳房炎是泌乳牛羊常见的一种疾病。其发病原因主要是由于病原菌的侵入，以及造成感染的各种诱因，如外伤、挤奶技术不佳、环境卫生不良、饲养管理失宜、激素失调、乳房缺陷和其它疾病等。乳房炎是世界公认的难题，给养殖业造成巨大的经济损失。

1. 临床症状

根据本病的发病经过，可分为三种类型。

（1）急性型 乳房患部出现红、肿、热、痛现象（图 5-35、图 5-36），乳上淋巴结肿胀，产奶量急剧下降，严重者停奶，乳汁稀薄，内含絮片、凝块、浓汁或血液（图 5-37）。病牛出现精神沉郁、食欲减少、体温升高等症状。

图 5-35　乳房红肿

图 5-36　乳房有硬块

图 5-37　血乳

（2）慢性型 急性未治愈，则转变为慢性型。主要症状是乳汁内含絮片、凝块、浓汁。病牛出现精神不振、食欲减少、产奶量下降等症状。

（3）隐性型 如未彻底治愈，则由慢性型转为隐性型。隐性型乳房炎无全身及乳房症状，但乳房炎检测呈阳性。

2. 防治

（1）预防

① 注意卫生和乳房保护：保持牛舍、牛身及用具的清洁卫生，产后排出的恶露尽量少污染牛体后身。对较大和下垂的乳房要注意保护，防止其受外伤。

② 加强挤奶卫生、乳头药浴：挤奶前用温水洗净乳房及乳头，洗后用干净毛巾擦干。挤奶后用 0.5%碘溶液、0.1%新洁尔灭或 0.3%～0.5%洗必泰溶液浸浴乳头（图 5-38），以减少病原菌从乳头侵入的机会。同时要注意挤奶的方法，尽量不要伤害牛的乳房。

③ 在干奶期加强对隐性乳房炎的防治：在干奶前最后一次挤奶后，向乳房内注入

适量抗菌药物,可预防乳房炎的发生。一般常将青霉素80万～100万IU、链霉素0.5g,溶于20～30mL蒸馏水中,注入乳池内,并用金霉素或土霉素眼药膏1支,分别注入四个乳头管内,进行封闭。也可直接向每个乳头管内注入长效干奶剂1支(图5-39),进行封闭。

(2)治疗

① 抗生素疗法:先以消毒液清洗乳房,按摩乳房,挤净乳汁,经乳头向乳房内注入用生理盐水或安痛定稀释后的青霉素(160万IU/乳区)和链霉素(80万IU/乳区)(图5-40),并向上推按乳房,使药物作用于整个乳房。每日2次,连用3天。

图5-38 乳头药浴

图5-39 干奶剂

图5-40 乳头注药

② 中药疗法

a. 降痛饮:当归90g,生芪60g,甘草30g,酒煎灌服(大家畜),日服一剂,连服2～8剂。对一切肿毒(包括乳房炎),不论其急性或慢性,有脓或无脓,都有较好疗效。

b. 肿疡消散饮:金银花60g,连翘30g,归尾、甘草、赤芍、乳香、没药、花粉、贝母各15g,防风、白芷、陈皮各12g,酒100mL为引。适用于急性乳房炎。

c. 黄芪散:生芪、全当归、元参各30g,肉桂6g,连翘、金银花、乳香、没药各15g,生香附、青皮各12g,有硬结者加穿山甲9g,皂刺15g,煎汁灌服(大家畜)。适用于慢性乳房炎。

十六、子宫内膜炎

子宫内膜炎是牛羊生产常见疾病,一旦发生病,将会出现配种困难或长期不孕等现象,导致养殖效率低,甚至提前淘汰。

图5-41 流脓性黏液

1. 临床症状

通常在产后一周内发病,轻者无全身症状,发情正常,但不能受孕;严重的伴有全身症状,如体温升高、呼吸加快、精神沉郁、食欲下降、反刍减少等。患畜拱腰、举尾,有时努责,不时从阴道流出大量白色或黄色黏液脓性分泌物(图5-41),有腥臭味,内含絮状物,直肠检查,子宫角变粗,子宫壁增厚,触诊子宫有波动感。

2. 防治措施

(1) 预防

① 加强饲料管理,合理配合饲料,增加矿物质、维生素等营养因子,增强牛羊机体抵抗力。

② 搞好卫生和消毒工作,安全接产,人工配种操作得当,防止感染。

(2) 治疗　用高锰酸钾或盐水冲洗子宫,洗净污秽物后灌注头孢噻呋钠并肌注,隔日一次,连续2~3次,同时肌注维生素A,每次100IU,隔日一次,连用2~3天,可提高疗效。

十七、蹄病

蹄病是牛羊生产中的常见病,轻则引起跛行,重则引起瘫痪,临床上主要有蹄变形和腐蹄病两种(图5-42、图5-43)。

图5-42　畸形蹄

图5-43　蹄底溃疡

1. 临床症状

蹄病的主要症状有:局部有红、肿、热、痛的炎性反应,跛行(图5-44),站立姿势不正、关节僵直(图5-45),走路时"踢正步"。严重的会发生卧地不起,体温升高,采食反刍减少,泌乳量减少等症状。

图5-44　羊跛行

图5-45　关节肿大蹄内翻

2. 防制

对有腐蹄病的牛首先用3%~5%高锰酸钾水、5%硫酸铜溶液、双氧水(过氧化氢)

等进行清洗。蹄部蜂窝组织炎延伸至系部关节时，肿胀严重，跛行明显，应重视消炎，如蹄底出现小洞，则进行扩创，除去坏死角质，直至健康组织。用10%碘酊充分消毒，撒抗生素，外用松馏油或鱼石脂包扎绷带。同时全身应用抗生素治疗，出现变形蹄的要及时修理。

(1) 日粮精粗比、钙磷比适当　注意维生素A、维生素D、锌的补充。日粮中增加缓冲剂小苏打和硫酸镁对预防蹄病有显著效果。

(2) 做好日常饲养管理　给牛足够大的运动场，运动场要保持干燥松软，运动场中清除石头、砖块等杂物，以免蹄部受伤。夏季做好运动场排水工作，保持牛蹄干燥。

(3) 做好蹄浴工作　在挤奶间通道处设立蹄浴池，蹄浴池内投放5%硫酸铜溶液，每周进行一次药浴。在过道处撒生石灰，对蹄部进行干燥，效果也比较明显。

(4) 每年进行2次修蹄工作　可以提早发现蹄病，对变形蹄进行矫正（图5-46），保证牛蹄部健康。

图5-46　修蹄

第四节　治疗技术方法

一、灌药法

灌药法是将药物用水溶解或调成稀粥样以及中草药的煎剂等，装入灌角或药瓶等灌药器内经口投服，各种动物均可应用。

具体方法依动物种类及用具不同而异。牛的灌药法多用橡皮瓶或长颈酒瓶。

1. 操作方法

① 一人牵住牛绳、抬高牛头或紧拉鼻环或握住鼻中隔，使牛头抬起，必要时使用鼻钳进行保定。

② 术者左手从牛的一侧口角插入、打开口腔并轻压舌头，右手持盛满药液的药瓶自另侧口角伸入并送向舌背部，抬高药瓶后部轻轻振抖，并轻压橡皮瓶使药液流出；吞咽中继续灌服直至灌完。

2. 注意事项

① 每次灌药，药量不宜太多，速度不可过快，否则容易将药物呛入气管内。

② 灌药过程中，病畜发生强烈咳嗽时应暂停灌服，并使其头部低下，使药液咳出。

③ 头部抬起的高度，以口角与眼角的连接线略呈水平为宜。若过高，易将药液灌入气管或肺中，轻者引起肺炎，重者可造成死亡。

④ 当牛、羊咀嚼、吞咽时，如有药液流出，应以药盆接之，以减少流失。

二、胃管投药法

水剂药较多,药品带有特殊气味,经口不易灌服时,一般都需用胃管。投药时使用软硬适宜的橡皮管或塑料管,依牛、羊大小不同而选用相应的口径及长度;特制的胃管其末端闭塞,而于近末端的侧方设有数个开口,更为适宜。

1. 操作方法

① 牛可经口或经鼻插入胃管。
② 经口插入时,先将牛进行必要的保定,并给牛戴上木质开口器,固定好头部。
③ 将胃管涂润滑油后,自开口器的孔内送入,尖端到达咽部时,牛将自然咽下。
④ 确定胃管插入食管无误后,接上漏斗即可灌药。
⑤ 灌完后慢慢抽出胃管,并解下开口器。

如何判断胃管是否插进食道,检验方法很多,无论使用何种检查方法,都必须综合加以判定和区别,防止发生判断上的错误。主要判断方法见表 5-1。

表 5-1 胃管插入食道或气管的鉴别要点

鉴别方法	插入食道内	插入气管内
胃管送入时的感觉	插入时稍感前送有阻力	无阻力
观察咽、食管及动物动作	胃管前端通过咽部时可引起吞咽动作或伴有咀嚼	无吞咽动作,可引起咳嗽,动物表现不安静
将胃管外端放耳边听诊	可听到不规则的咕噜声,但无气流冲耳	随呼气动作而有强力的气流冲耳
用鼻嗅诊胃管外端	有酸臭味	无
观察排气与呼气动作	不一致	一致
用嘴吹入气体	随气流吹入,颈沟部可见明显波动	不见波动
接橡皮球打气或捏扁橡皮球后,再接于胃管外端	打入气体时可见颈部食管呈波动状膨起,接上捏扁的橡皮球后不再鼓起	不见波动状膨起;橡皮球迅速鼓起

注:引自《动物普通病》(第 2 版),李国江 主编,2008 年。

2. 注意事项

① 胃管使用前要仔细洗净、消毒,涂以滑润油或水,使管壁滑润;插入、抽动时不宜粗暴,要小心、徐缓,动作要轻柔。
② 有明显呼吸困难的病畜不宜用胃管,有咽炎的病畜更应禁用。
③ 应确定插入食管深部或胃内后再灌药;如灌药后引起咳嗽、气喘,应立即停灌;如中途因动物骚动使胃管移动、脱出亦应停灌,待重新插入并确定无误后再行灌药。
④ 经鼻插入胃管,可因管壁干燥或强烈抽动,损伤鼻、咽黏膜,引起鼻、咽黏膜肿胀、发炎等,导致鼻出血,应引起高度注意。如少量出血,不久可停止出血;若出血很多时,可将动物头部适当高抬或吊起,进行鼻部冷敷,或用大块纱布、药棉暂堵塞一侧鼻腔,必要时应配合应用止血剂、补液乃至输血。

3. 药物误投入肺的表现及其抢救措施

（1）表现 药物误投入动物呼吸道时突然出现骚动不安，频繁地咳嗽，并随咳嗽而有药液从口鼻喷出，呼吸加快，呼吸困难；鼻翼开张或张口呼吸；继而可见肌肉震颤、大出汗，黏膜发绀，心跳加快、加强；数小时后体温可升高，肺部出现啰音，并进一步呈异物性肺炎的症状。当灌入大量药液时，甚至可造成动物窒息或迅速死亡。

（2）抢救措施 在灌药过程中，应密切注意动物表现，发现异常立即终止；使动物低头，促进咳嗽，呛出药物；应用强心剂，或给以少量阿托品以兴奋呼吸，同时应大量注射抗生素；经数小时后，症状减轻，则应按疗程规定继续用药，直至恢复。

三、瘤胃穿刺法

当瘤胃臌气严重时，可作紧急排气或注入止酵剂。穿刺点在髋骨外角与最后肋骨中点连线的中央，也可选在瘤胃隆起最高点穿刺。

1. 操作方法

牛、羊施行站立保定，术部剪毛、消毒。术者首先以左手将局部皮肤稍向前移，右手持套管针向对侧肘头方向刺入瘤胃（牛可先用外科刀在术部皮肤做一小切口，易于使套管针刺入）。然后固定套管，拔出针芯，使瘤胃内的气体持续地、缓慢地排出，如遇针孔阻塞，可用针芯通透，切忌拔出套管针。为了防止臌气继续发展，造成重复穿刺，套管应固定，并留经一定的时间后方可拔出，必要时亦可从套管向瘤胃内注入某些止酵剂。抽出套管时应先插回针芯，同时压定针孔周围的皮肤，再拔出套管针，然后消毒处理。

2. 注意事项

① 放气时应注意病畜的表现，放气速度不宜过快，以防止发生急性脑贫血。
② 整个过程均应注意防止发生针孔局部感染和继发腹膜炎。
③ 须经套管注入药液时，注药前一定要确定套管是否在瘤胃内。

第六章 肉牛肉羊场生物安全体系

生物安全体系就是为了阻断病原体（病毒、细菌、真菌、寄生虫等）侵入动物群体，保证动物健康安全而采取的一系列疫病综合防控措施。该体系中涉及动物产地环境、畜禽圈舍建造、疾病控制、卫生消毒、疫苗免疫、抗体监测和无害化处理等各关键环节的综合技术。该体系能有效控制病原的感染和传播，为肉牛、肉羊创造一个舒适安全的饲养环境，保障肉牛、肉羊生产性能和经济效益最大化。

第一节 饲养环境控制

一、养殖场建设

建设环境选择上，要避开疫病传染源和可能的传播途径。养殖场应选择在无污染和生态条件良好的地区，远离工矿区和公路铁路干线，避开工业和城市污染源的影响，同时应具有可持续的生产能力。

二、场址选择

选址应位于法律、法规明确规定的禁养区以外；养殖场应建在地势干燥、背风向阳、空气流通、排水良好、地势平坦、易于组织防疫的地方；距离居民小区（村庄）和交通主干道 2000 米以上，在城镇或居民建筑群的常年主导风向的下风向处；距离生活饮用水源地、动物屠宰加工场所、动物和动物产品集贸市场、其它养殖场（养殖小区）、种畜禽场及铁路、高速公路 3000 米以上；距离动物诊疗场所 500 米以上；距离肉品加工厂、风景旅游区、动物隔离场所、动物及动物产品无害化处理场所、大型化工厂、采矿场、皮革厂及垃圾处理厂 5000 米以上。

三、建筑布局

大型养殖场（牛 1000 头，羊 10000 只以上）一般分为管理区、生活区、生产区和生物安全处理区等"四区"，并实行"四区分离"（图 6-1）；中型养殖场（牛 500 头以上、羊 2000 只以上）分为生活管理区、生产区和生物安全处理区（图 6-2）；小型养殖场生产区和生物安全处理区合并，分为生活管理区和生产区。合理布局养殖场各功能区，既有利于防止交叉污染，又有利于最大限度地减少病原微生物。牧场周围还应建有围墙（围墙高＞1.5米）、防疫沟（沟宽＞2米），以及绿化隔离带。

图 6-1　大型养殖场（例）

图 6-2　中型养殖场（例）

四、环境控制

生产区要布局在管理区、生活区的下风或侧风向，保持200～300米的防疫间距；生物安全处理区（即隔离舍、污水、粪便处理设施和病死动物处理区）设在生产区主风向的下风或侧风向，并与生产区保持200米的间距，以防疾病传播；饲料库、青贮窖应设在管理区。场内功能区的划分与布局，主要考虑风向、畜舍间距，以利于将污染源控制到最小的范围内，减少疫病传染源经空气流动、人员流动及交叉污染而进行的传播。

场内净道、污道和牛、羊通道要严格分开，防止交叉感染。场内应设饲养员行走、场内运送饲草料的净道；拉走粪便等废弃物、淘汰动物出场的污道；供牛、羊群周转、出栏使用的通道。三道分开设置，并及时清扫或不定期消毒。净道、污道和动物通道分开是重要的生物安全措施。

五、空气饮用水控制

1. 空气

畜禽场空气环境质量应符合《畜禽场环境质量标准》（NY/T 388—1999）。

(1) 舍内氨气、硫化氢、二氧化碳、恶臭的控制措施 一是采取固液分离与干清粪工艺相结合的设施，使粪尿、污水及时排出，减少有害气体产生；二是采取科学的通风换气方法，保证气流均匀，及时排除舍内的有害气体；三是在粪便、垫料中添加各种具有吸附功能的添加剂，减少有害气体产生，合理搭配日粮和在饲料中使用添加剂，减少有害气体产生。

(2) 舍内总悬浮颗粒物、可吸入颗粒物的控制措施 一是饲料车间、干草车间设在远离畜舍，且处于畜舍的下风向；二是使用颗粒饲料或者拌湿饲料；三是禁止带畜干扫畜舍或刷拭畜禽，翻动垫料要轻，减少尘粒的产生；四是适当进行通风换气，并在通风口设置过滤帘，保证舍内湿度，及时排出，减少颗粒物及有害气体。

2. 饮用水

畜禽饮用水质量及卫生指标符合《无公害食品 畜禽饮用水水质》（NY 5027—2008）。

(1) 自来水 定期清洗畜禽饮用水传送管道，保证水质传送途中无污染。

(2) 自备井 应建在畜禽粪便堆放场等污染源的上方和地下水位的上游，要求水量丰富、水质良好、取水方便，避免在低洼沼泽或容易积水的地方打井。水井附近30m范围内，不得建有渗水的厕所、渗水坑、粪坑、垃圾堆等污染源。

(3) 地表水 地表水是暴露在地表面的水源，受污染的机会多，含有较多的悬浮物和细菌，如果作为畜禽的饮用水，必须进行净化和消毒，使之满足畜禽饮用水水质标准。净化的方法有混凝沉淀法和过滤法；消毒方法有物理消毒法（如煮沸消毒）和化学消毒法（如氯化消毒）。

第二节 饲养管理

一、饲养条件

1. 保证舍内适宜环境

舍内所有家畜应能被清楚辨认，在正常白昼时间（每天 8h），舍饲家畜有自然光照或者人工光照。牛羊分娩区保持全天候光照，且有足够的限位设施。畜舍内空气流通、温度和湿度应对家畜健康无不良影响。

2. 合理分群

维持家畜的社会群居性，按照大小、年龄和群体间的相互关系（如哺乳母羊和羔羊）进行分群饲养。畜舍大小与饲养密度匹配，犊牛至少 $2.0m^2$/头；成年牛至少 $3.0m^2$/头；成年母羊至少 $1.0m^2$/只；羔羊至少 $0.6m^2$/只；种羊至少 $1.5m^2$/只。

3. 建立适宜饲养流程

应实行分段饲养、集中育肥的饲养工艺，提供满足各阶段生长发育营养需要的配合饲料。保证饲料、饲草的清洁卫生，水槽应安装在牢固且易于排水的地方，保证家畜能获得清洁的饮水，冬季提供温水。

二、坚持自繁自养

自繁自养能避免引种时带来外来疫病，留用种畜时选择遗传稳定及抗病性强的牛、羊。确需引种时，严格执行《反刍动物产地检疫规程》（农医发[2010]20 号）和《跨省调运乳用种用动物产地检疫规程》（农牧发[2019]2 号）的规定，确保种畜来自非疫区并经检疫合格，到场后隔离检疫 45 天，并实施免疫接种和驱虫。

三、严格保证饲料质量

饲料及饲草的采购应来自具有资质的供应商，采购证明材料有记录档案，并保存 2 年。饲料原料、草料应符合《农业转基因生物安全管理条例》和《兽药管理条例》的规定。饲料原料中应无动物源性饲料成分。饲料中有害物质及微生物含量应符合《饲料卫生标准》（GB 13078—2017）的规定。所选饲料添加剂必须符合《绿色食品 饲料及饲料添加剂使用准则》（NY/ T471—2018）的要求，并且符合农业农村部公布的《饲料添加剂品种目录》。饲料库管理应遵守良好操作规范，并符合相应的法规要求，最大限度降低交叉污染。饲料及原料应整齐摆放在清洁、干燥、无污染的仓库内，青绿饲料、草料等应无发霉、变质、结块和异味等现象。

第三节 消毒工作

一、环境消毒

场舍周围环境包括运动场，每周用 2%火碱消毒或撒生石灰一次；场区周围及场内污水池、排粪坑和下水道出口，每月用 10%～20%的漂白粉混悬液消毒 1 次。牧场和圈舍出入口必须设立消毒池，宽度略小于入口处的宽度，深 20cm，长 4.5m 以上，池内使用 5%的火碱溶液（冬季加防冻盐）。消毒液要定期更换，保持有效浓度。一切人员、车辆进出门口时，必须从消毒池通过。牛、羊门口设消毒池深 20cm，长 1.5m 以上；养殖场大门旁设人员进出消毒室，其地面设消毒池，室顶装紫外线消毒灯，人员进出通过消毒室内 U 形围栏通道，保持消毒时间不少于 5min。

二、舍内消毒

舍内应每天清除粪便废弃物，保持清洁、卫生。每 15 天用 0.15%～2.00%新洁尔灭溶液、0.3%过氧乙酸或 0.1%次氯酸盐等消毒液消毒一次。圈舍消毒时应将牛、羊赶至运动场。每周 2 次选用无毒消毒药物进行带牛、羊消毒。

饲槽和饮水槽在饲喂后应彻底清扫干净，定期用高压水枪冲洗，并进行喷雾消毒或熏蒸消毒。每天清扫舍、运动场的粪便、污物，无害化处理。每批牛、羊调出后空栏舍要彻底清扫干净，用高压水枪冲洗后彻底消毒。

三、人员消毒

工作人员进入生产区应更衣，并用紫外线消毒 5min，工作服不应穿出场外。除特殊情况外，非生产区工作人员一般不允许进入生产区，必须进入时应经过严格消毒，并遵守场内一切防疫制度（图 6-3、图 6-4）。

图 6-3　人员消毒处

图 6-4　喷淋消毒

四、用具消毒

手套、工作服、胶靴采用消毒液浸泡消毒；每间隔 2 周，对草料槽、草料车、草料箱等进行消毒。对于养殖场内部使用的工具，如果要带入生产区也须经严格消毒。定期对饲喂用具、料槽和饲料车（TMR 搅拌车）等进行消毒，可用 0.1%新洁尔灭或 0.2%~0.5%的过氧乙酸消毒，日常用具如兽医用具、助产用具、配种用具、挤奶设备和奶罐车等，在使用前应进行彻底消毒和清洗。

五、带畜环境消毒

定期进行带畜环境消毒，有利于减少环境中的病原微生物，减少传染病和蹄病的发生。可用于带畜环境消毒的药物有：0.1%的新洁尔灭，0.3%的过氧乙酸，0.1%次氯酸钠。带畜环境消毒应避免消毒剂污染到饲料中。

六、操作性消毒

进行挤奶、助产、配种、注射治疗及任何对动物的接触性操作时，应先将动物有关部位如乳房、阴道口和后躯等进行消毒擦拭，以避免外源性感染。要对排泄物、流产胎儿、胎衣、死亡尸体进行无害化处理。产房每次产犊后都要消毒。

七、车辆消毒

杜绝外来车辆进入生产区；运输饲料的车辆在进入生产区前要进行严格的清洗消

毒（图6-5）。

八、消毒药物的选择与使用

消毒药物的选择应符合《无公害农产品 兽药使用准则》（NY/T 5030—2016）的规定。选择对人、畜和环境比较安全、没有残留毒性，对设备没有破坏和在畜体内不产生有害积累的消毒剂。可选用的消毒剂有甲醛溶液、次氯酸盐、有机氯、有机碘、过氧乙酸、生石灰、氢氧化钠、高锰酸钾、硫酸铜、新洁尔灭、酒精等。牛常用消毒药物见表6-1。

图6-5 车辆消毒处

使用消毒药应根据消毒对象、不同病原及其特性，选择适宜的药物、浓度、作用时间和温度，确定合适的用药方法，如喷雾、泼洒、浸泡、涂擦、冲洗等。

表6-1 常用消毒药物

药品名称	常用浓度	作用和用途	注意事项
碘酊	2%、5%	2%注射部位消毒；5%外科手术部位涂擦消毒	棕色瓶中密封保存，本品不可与甲紫液、汞溴红等溶液混合使用
碘伏	0.5%、1%	0.5%用于奶牛乳头浸泡消毒；1%用于皮肤的消毒；治疗可直接涂擦	禁止与红汞等拮抗药物同用。碘伏原液应该室温下避光保存
硫酸铜	4%~7%	蹄浴液	低温时溶解度低
过氧乙酸	0.5%	喷雾熏蒸圈舍、食槽	本品稀释后不能久存，应现用现配，蒸汽有刺激性
高锰酸钾	0.05%~0.1%	浸泡，皮肤及创伤消毒，洗涤口腔、阴道及深部化脓疮	不能和酒精、甘油等有机物或易被氧化物质一起使用，否则易发生爆炸
氢氧化钠（烧碱）	2%~4% 10%~30%	2%~4%对发生病毒性疾病的畜舍、饲槽、场地消毒；10%~30%溶液用于芽孢菌污染物消毒	腐蚀作用强；消毒后饲槽应用清水冲洗干净后使用；空舍消毒使用热水溶液消毒效果好
生石灰	10%~20%	喷洒牛舍墙壁、天棚、地面	干燥处保存，现用现配
新洁尔灭	0.1%、0.001%~0.002%	0.1%溶液用于手和皮肤的消毒，外科器械消毒需浸泡30分钟；0.001%~0.002%溶液用于冲洗黏膜及深部感染伤口	使用时不能接触肥皂、合成洗涤剂及盐类；配好的溶液最多保存1个月，颜色改变后禁止使用
漂白粉	0.5%、10%~20%	0.5%溶液器具及饲槽等表面消毒；10%~20%溶液用于细菌、病毒污染的畜舍、场地消毒	保存于阴暗、干燥、通风处；现用现配；喷洒消毒时应做好个人防护
酒精	70%~75%	消毒皮肤及涂擦外伤	易挥发；不能杀灭芽孢型细菌
福尔马林	5%~10%	喷洒消毒畜舍、用具、排泄物；蹄浴	对皮肤、眼、鼻黏膜有刺激性，低于13℃时无抑菌效果

注：引自《牛生产》（第2版），宋连喜、田长永主编，2015年。

第四节 免疫与驱虫

养殖场应根据《中华人民共和国动物防疫法》的要求，结合本地区的实际情况，有选择地进行疫病的预防接种工作，并注意选择适宜的疫苗、免疫程序和免疫方法。要特别注意做好口蹄疫、小反刍兽疫等疫病的免疫工作。使用（菌）苗等生物制品，应当根据生产厂家提供的疫（菌）苗接种方法和说明书进行使用。注意年龄大小、使用剂量、注射部位和有效免疫期。此项工作是养殖场生物安全的重要组成部分。

一、免疫

1. 按计划接种

有计划地给健康牛、羊群免疫接种，可以有效地预防相应传染病的发生。兽医必须掌握本地区传染病特点和生产等情况，以便根据需要制订相应的免疫计划，适时地进行免疫接种。对国家兽医行政管理部门不同时期规定需强制免疫的疫病，疫苗的免疫密度应达到100%。根据免疫进行的时机，可分为预防免疫和紧急免疫2类。

预防免疫是在经常发生传染病地区、某些传染病潜在地区，为防患于未然，在生产中有计划地给健康畜群进行的免疫接种。如牛、羊的口蹄疫疫苗预防注射。

紧急免疫是在发生传染病时，为了迅速控制和扑灭疾病的流行，而对受威胁地区尚未发病的畜禽应用疫苗或血清进行的紧急接种。

2. 规范使用疫苗

使用的疫苗应符合《中华人民共和国兽用生物制品规程》《中华人民共和国兽用生物制品质量标准》要求，同时也符合《无公害农产品 畜禽防疫准则》（NY/T 5339—2017）的规定。布鲁氏菌病免疫按照农业农村部要求进行。牛常用疫苗的保存和使用见表6-2。

表 6-2 牛常用疫苗的保存和使用

疫苗名称	预防疾病	使用方法	保持期限	免疫期
无毒炭疽芽孢苗	炭疽	颈部皮下注射，1岁以上1mL，1岁以下0.5mL	2~8℃，有效期2年	注射后14天产生免疫力，免疫期1年
Ⅱ号炭疽芽孢苗	炭疽	颈部皮下注射，1mL	2~15℃，有效期2年	注射后14天产生免疫力，免疫期1年
牛口蹄疫A型灭活疫苗	牛A型口蹄疫（奶牛、种公牛）	肌内注射，6月龄以上成年牛每头2mL，6月龄以下犊牛每头1mL	2~8℃，有效期1年	免疫期6个月
口蹄疫O型灭活疫苗	牛、羊O型口蹄疫	肌内注射，每头1mL	2~8℃，有效期1年	免疫期4~6个月
口蹄疫O型、A型二价灭活疫苗	牛、羊O型和A型口蹄疫	肌内注射，每头牛1mL，每只羊0.5mL	2~8℃保存，有效期为1年	免疫期6个月
气肿疽明矾菌苗	气肿疽	不论大小均皮下注射5mL，6月内小牛在满6月时加强免疫一次	2~8℃，有效期1年	注射后14天产生免疫力，免疫期1年

续表

疫苗名称	预防疾病	使用方法	保持期限	免疫期
牛出血性败血症氢氧化铝菌苗	牛巴氏杆菌病	体重 100kg 以下 5mL，100～200kg 以上的牛 10mL，200kg 以上 20mL，皮下或肌内注射	2～15℃，有效期 1 年	注射后 21 天产生免疫力，免疫期 9 个月。怀孕后期的牛不宜使用
破伤风明矾沉淀类毒素	破伤风	成年牛 1mL，1 岁以下 0.5mL，颈中央上 1/3 处皮下注射	2～10℃，3 年	注射后 1 个月产生免疫力，免疫期 1 年
牛流行热灭活疫苗	牛流行热	成年牛 4mL，6 月龄下犊牛 2mL，颈部皮下注射（3 周后再注射一次）	2～8℃，有效期 4 个月	注射后 15 天产生免疫力，免疫期 6 个月

注：参考《牛生产》（第 2 版），宋连喜、田长永主编，2015 年。

3. 适宜的免疫程序和方法

每年至少需接种口蹄疫疫苗 2 次。新入场的疫苗，在大规模使用前，均应根据牛场免疫历史，适当进行小范围试验后再大批使用。

4. 免疫标识管理

实行免疫标识管理制度。凡国家规定对动物疫病执行强制免疫的，对按规定免疫过的奶牛必须加挂免疫耳标，并建立免疫档案。

5. 注意事项

（1）**免疫对象** 有明显的临床症状或患有疾病的牛、羊，怀孕后期及体质瘦弱牛、羊，暂不注射免疫。

（2）**检查疫苗** 疫苗使用前要检查其时效期，过期的疫苗不能使用；瓶塞松动、出现水乳分离的疫苗不能使用；色泽异常、瓶内有异物、发霉的疫苗均不得使用。

（3）**疫苗使用前处理** 疫苗使用前自然恢复到室温，疫苗在使用中避免日光直射。在使用前充分混合均匀，避免剧烈晃动，以免产生气泡，影响剂量的准确性。

（4）**疫苗吸取操作** 稀释或抽取疫苗时，切忌拔开瓶塞，应先用碘酊棉球消毒瓶塞，然后将消毒过的针头插入并固定在瓶塞上，将稀释液注入或吸取疫苗后拔出针头，再用浸有消毒液的棉球盖好针孔。吸出的疫苗不可回注于瓶内，针筒排气溢出的疫苗液应吸积于酒精棉球上，用过的一次性注射用品、酒精棉球、碘酊棉等应集中无害化处理。

（5）**疫苗稀释** 稀释冻干疫苗时，应严格按照说明书要求操作。当向瓶内加入稀释液没感觉向瓶里吸气时，说明瓶内已非真空，该瓶疫苗应废弃，不得使用。

（6）**免疫过程** 免疫接种过程，必须注意消毒剂不要与疫苗接触。注射部位须彻底消毒，注射剂量准确，避免打飞针。

（7）**疫苗保存** 每瓶疫苗开启后，必须当天用完。应对使用的每批次疫苗留样 2 瓶，保存至少半年。

二、驱虫

根据动物的健康状况和季节选择驱虫时间。驱虫药物的选择根据实际情况而定，原则是控制住内外寄生虫的发展，严禁使用违禁和过期药品，在驱虫前后做相应的寄生虫检查工作，以判断驱虫效果。

第五节　虫鼠害防控

一、灭鼠、杀虫

及时清除场内粪、尿、垫料、过期兽药、残余疫苗、一次性使用的畜牧兽医器械、包装物、污水、破烂容器，和丢弃的盆、桶、罐等废弃物。夏秋季节定期冲洗畜舍，疏通排污管道，清除杂草和水坑等蚊蝇滋生地，定期喷洒消毒药物，或在养殖场外围设诱杀点，消灭蚊蝇。定期投放灭鼠药，控制啮齿类动物，投放灭鼠药应定时、定点，及时收集死鼠和残余鼠药，做无害化处理。

需要杀虫时，应首选物理方法，即放置电子灭蚊灯、电子灭蝇灯等，需要使用化学方法杀虫时，应注意牧场生物安全的控制。

二、规范防鼠设施

牧牛场各圈舍、饲料贮存间的门窗要严丝合缝，门与门框、窗与窗棂缝隙应小于4mm，窗户及通风孔应加装13mm×13mm的铁丝网；各种管道或电缆进出圈舍、饲料库等牛场建筑的孔洞用水泥等材料堵塞；舍内可能被鼠类利用的孔洞、缝隙用水泥填堵；下水道应装返水碗，室内排水沟装有完整铁篦，通往外界出水口部位应有13mm×13mm防鼠铁丝网闸，以防止老鼠进入。

三、鼠药投放

需要灭鼠时，应尽可能应用物理方法，即放置灭鼠夹、粘鼠板等。若确需用化学方法灭鼠时，应投放不具二次中毒的灭鼠药，如敌鼠钠盐等，并及时收集死鼠和残余鼠药进行生物安全处理。

第六节　检疫监测

一、按规定检疫

养殖场要接受各级动物防疫监督机构的监督和疫病监测，按照《布鲁氏菌病防治技术规范》《动物结核病诊断技术》（GB/T 18645—2020）和《牛结核病防治技术规范》

《动物布鲁氏菌病诊断技术》(GB/T 18646—2018)的要求，每半年进行一次全群布鲁氏菌病、结核病的净化工作。在健康群中检出的阳性牛、羊应扑杀，深埋或火化；非健康群的阳性牛、羊及可疑阳性牛、羊可隔离分群饲养，逐步淘汰净化。

二、健康检查

兽医人员要定期对饲养的动物做健康检查，并详细填写健康记录，结合当地实际情况开展疫病监测，有疑似疫病时要向当地动物防疫部门报告，协助诊断，并按有关规定处理。

三、定期监测

养殖场应按《无公害农产品 畜禽防疫准则》(NY/T 5339—2017)的规定，并符合所在地动物疫病监测方案的要求，定期开展口蹄疫、炭疽、蓝舌病、结核病、布鲁氏菌病等疫病的监测，同时注意监测我国已扑灭的疫病和外来病，如牛瘟、牛海绵状脑病、牛传染性胸膜肺炎等。疫病检测每年不少于2次。

四、省内引种检疫

省内异地引进牛、羊必须经当地县级以上动物防疫监督机构审核批准，并且是来自非疫区的已取得《动物防疫条件合格证》的牛场，种用动物要有《种用动物健康证》《动物产地检疫合格证明》或《出县境动物检疫合格证明》和《动物及动物产品运载工具消毒证明》。牛、羊运出前应按《反刍动物产地检疫规程》(农医发[2010] 20号)的要求进行产地检疫，牛要进行口蹄疫、布鲁氏菌病、牛结核病、炭疽、牛传染性胸膜肺炎检测；羊要进行口蹄疫、布鲁氏菌病、绵羊痘和山羊痘、小反刍兽疫、炭疽检测，结果合格方可运出。

五、省外引种检疫

从省外引进动物时应向引入省动物防疫监督机构报批、报验，按照《跨省调运乳用种用动物产地检疫规程》(农牧发[2018]9号)的要求，牛要做口蹄疫、布鲁氏菌病、牛结核病、牛传染性鼻气管炎、牛病毒性腹泻/黏膜病的检测。审核批准后方可调入。引入牛必须直接运至隔离场所，隔离观察45天，检疫合格无异常后，方可混群饲养。布鲁氏菌病免疫区的牛禁止向非免疫区调运。

第七节 疫病控制与净化

兽医每天巡视群体2次，及时发现患病牛、羊，采取适当措施。发生传染病或疑似传染病时，应按照法规要求采取措施，并报告当地动物卫生监督机构。兽医应按照耳号建立病历卡，病历卡内容包括发病日期、主要症状、用药治疗情况、转归情况。淘汰或病死的牛羊应有病情、治疗情况、鉴定意见等记录。

牛场应根据监测结果，制定场内疫病控制计划，隔离并淘汰患病动物，逐步消灭疫病。牛场发生疫病或怀疑发生疫病时，应依据《中华人民共和国动物防疫法》，立即向当地兽医行政管理部门报告疫情。确诊发生国家或地方政府规定应采取扑杀措施的疾病时，牛场必须配合当地兽医行政管理部门，对发病牛群实施严格的隔离、扑杀措施。

发生传染病时，牛场应对发病牛群及饲养场所实施净化措施，对全场进行彻底的清洗消毒（图6-6）。养殖场还应配备与其生产规模相适应的焚尸炉、化尸池等无害化处理设施设备，对于病死动物及其流产胎儿、胎衣、排泄物、乳、乳制品等可采用销毁、化制、掩埋、消毒等方式进行定点无害化处理。具体参照《病死及病害动物无害化处理技术规范》（农医发[2017]25号）进行无害化处理，消毒按《畜禽产品消毒规范》（GB/T 16569—1996）进行。

图6-6 环境消毒车

第八节 人员管理与档案记录

一、工作人员

养殖场管理人员和饲养人员应定期进行健康检查，取得健康合格证后方可上岗，传染病患者不得从事饲养和管理工作。所有外出人员必须隔离3天以上才能进入养殖场生产区；各个生产区之间的饲养员和工作人员不得随意走动，相互串门；工作人员进入生产区应更换工作服和工作鞋。禁止将工作服穿出场外，每10天用新洁尔灭水溶液清洗消毒。

员工不准从养殖场外携带肉品进入场区。养殖场兽医不准对外出诊，配种员不准对外开展配种工作。销售人员完成售卖任务后，经过72h、洗浴后方可进入养殖生产区。员工应掌握应急预案，包括可能发生的动物疫情、停水、停电时的处理方法。

二、外来人员

未经许可，外来人员和车辆不允许进入生产区。参观人员进入生产区应经过规定的消毒程序，更换场区工作服和工作鞋，或穿一次性防护服、鞋套，戴口罩、防护帽

（图6-7），并遵守养殖场卫生防疫制度。

三、档案记录

养殖场要建立规范的档案和记录，包括饲养档案、兽药（包括购买日期、产品名称、数量、批号、有效期、生产厂家、储藏条件等）使用及免疫接种情况、日常消毒措施、发病情况、实验室检查及结果、死亡率及死亡原因、无害化处理情况等。所有记录应有相关负责人员签字，并妥善保存两年以上。

图6-7 外来人员

参考文献

[1] 张英杰. 养羊手册[M]. 北京：中国农业大学出版社，2000.
[2] 张忠诚，朱世恩. 牛繁殖实用技术[M]. 北京：中国农业出版社，2002.
[3] 孙颖士. 牛羊病防治[M]. 北京：高等教育出版社，2002.
[4] 王锋，王元兴. 牛羊繁殖学[M]. 北京：中国农业出版社，2003.
[5] 莫放. 养牛生产学[M]. 北京：中国农业大学出版社，2003.
[6] 赵广永. 肉牛规模养殖技术[M]. 北京：中国农业科学技术出版社，2003.
[7] 王成章，王恬. 饲料学[M]. 北京：中国农业出版社，2003.
[8] 董宽虎. 饲草生产学[M]. 北京：中国农业出版社，2003.
[9] Pugh. D. G. 绵羊和山羊疾病学[M]. 北京：中国农业大学出版社，2004.
[10] 冯建忠. 羊繁殖实用技术[M]. 北京：中国农业出版社，2004.
[11] 田树军，王宗仪，胡万川. 养羊与羊病防治[M]. 2 版. 北京：中国农业大学出版社，2004.
[12] 尹长安. 舍饲肉羊[M]. 北京：中国农业大学出版社，2005.
[13] 张玉，时丽华. 肉羊高效配套生产技术[M]. 北京：中国农业大学出版社，2005.
[14] 岳文斌，任有蛇，赵祥，等. 生态养羊技术大全[M]. 北京：中国农业出版社，2006.
[15] 陈幼春，吴克谦. 实用养牛大全[M]. 北京：中国农业出版社，2007.
[16] 陈怀涛. 羊病诊疗原色图谱[M]. 北京：中国农业出版社，2008.
[17] 兰海军. 养牛与牛病防治[M]. 北京：中国农业大学出版社，2011.
[18] 岳炳辉，闫红军. 养羊与羊病防治[M]. 北京：中国农业大学出版社，2011.
[19] 崔恒敏. 动物营养代谢疾病诊断病理学[M]. 北京：中国农业出版社，2011.
[20] 曲强. 动物营养与饲料[M]. 南京：江苏教育出版社，2013.
[21] 赵有璋. 中国养羊学[M]. 北京：中国农业出版社，2013.
[22] 王之盛. 肉牛饲料调制加工与配方集萃[M]. 北京：中国农业科学技术出版社，2014.
[23] 郭志明，杨孝列. 养羊生产技术[M]. 北京：中国农业大学出版社，2014.
[24] 王璐菊，张延贵. 养牛生产技术[M]. 北京：中国农业大学出版社，2014.
[25] 金东航，马玉忠. 牛羊常见病诊治彩色图谱[M]. 北京：化学工业出版社，2014.
[26] 杨术环. 绒山羊舍饲生产实用技术问答[M]. 沈阳：辽宁科学技术出版社，2015.
[27] 宋连喜，田长永. 牛生产[M]. 北京：中国农业大学出版社，2015.
[28] 张吉. 肉牛饲养管理与疾病防治问答[M]. 北京：中国农业科学技术出版社，2015.
[29] 冯瑞林. 羊繁殖与双羔免疫技术[M]. 兰州：甘肃科学技术出版社，2015.
[30] 旭日干. 中国肉用型羊主导品种及其应用展望[M]. 北京：中国农业科学技术出版社，2016.
[31] 范颖. 羊生产[M]. 北京：中国农业大学出版社，2016.
[32] 田长永，宋连喜. 畜禽繁育[M]. 北京：化学工业出版社，2016.
[33] 刁其玉. 农作物秸秆养牛[M]. 北京：化学工业出版社，2018.
[34] 胡士林. 彩色图解科学养牛技术[M]. 北京：化学工业出版社，2018.
[35] 王志刚，朱化彬，石有龙. 牛繁殖技能手册[M]. 北京：中国农业出版社，2018.
[36] 朱延旭，等. 绒山羊常见病治疗与预防[M]. 沈阳：辽宁大学出版社，2019.
[37] 崔治中，金宁一. 动物疫病诊断与防控彩色图谱[M]. 北京：中国农业出版社，2013.
[38] 刁其玉. 农作物秸秆养羊[M]. 北京：化学工业出版社，2019.
[39] 中国饲料数据库. 中国饲料成分及营养价值表（第 31 版）．2020.
[40] 熊志凡，袁卫贤. 槐树叶是畜禽的优质饲料[J]. 湖南饲料，2002（01）：32.

[41] 吴启发. 畜牧业生物安全体系的综述[J]. 中国动物保健，2009，24（12）：32-36.
[42] 王巍杰，尹丹，王丽萍. 树叶饲料的研究进展[J]. 农业机械，2011（23）：117-119.
[43] 吴学荣，何生虎，郭磊. 育肥羊黄脂病研究进展[J]. 农业科学研究，2012，33（03）：94-96.
[44] 孙亚波，边革，孙宝成，等. 辽宁绒山羊 TMR 颗粒饲料饲养效果研究[J]. 现代畜牧兽医，2012，12：43-45.
[45] 尹凤琴. 一起育肥羊黄脂病的诊治[J]. 草食动物，2013（11）：39.
[46] 幸奠权. 13 种植物饲料的营养价值介绍[J]. 中国畜牧业，2013（10）：61-62.
[47] 刘会娟. 柞树叶、构树叶和柳树叶的营养成分分析及比较研究[J]. 辽宁农业职业技术学院学报，2013，15（04）：1-2.
[48] 李兴泰. 荆条的饲用价值及栽培[J]. 四川畜牧兽医，2013，40（09）：42.
[49] 孙亚波，孙宝成，许桂华. 辽宁绒山羊羯羊育肥性能和羊肉品质研究[J]. 现代畜牧兽医，2014，10：21-25.
[50] 孙亚波，孙宝成，薛冰. 辽宁绒山羊育肥羯羊的羊肉营养特性研究[J]. 现代畜牧兽医，2014，11：1-7.
[51] 孙亚波，边革，彭宏伟，等. 辽宁绒山羊成年母羊对不同苜蓿草比例 TMR 日粮消化性能的研究[J]. 现代畜牧兽医，2015，5：19-24.
[52] 孙亚波，刘玉英，李博平，等. 辽宁绒山羊成年母羊对不同苜蓿草比例 TMR 日粮消化性能的研究[J]. 现代畜牧兽医，2015，6：1-6.
[53] 孙亚波，周方庆. 辽宁绒山羊育成年公羊对不同苜蓿草比例 TMR 日粮消化性能的研究[J]. 现代畜牧兽医，2015，8：15-19.
[54] 马敏，赵微，李成云. 长白山地区 5 种可利用饲草营养成分及单宁含量动态分析[J]. 饲料工业，2015，36（21）：13-19.
[55] 吴宝华，薛淑媛. 干谷草营养成分及对肉羊营养价值评价研究[J]. 现代农业，2015（12）：64-65.
[56] 张宗军，郝飞. 规模化舍饲肉羊场的生物安全体系[J]. 中国畜牧业，2015，(01)：74-75.
[57] 袁涛，魏玉明. 肉牛场生物安全集成技术的研究与推广[J]. 中国草食动物科学，2015，35（1）：56-60.
[58] 孙亚波，边革. 辽宁绒山羊育肥羔羊的羊肉营养特性研究[J]. 中国草食动物科学，2015，35（1）：24-28.
[59] 赵恩全. 育肥羊黄脂病防治与探讨. 山东畜牧兽医，2015，36：28-29.
[60] 张智鹏，熊伟曼，赵玥，等. 汉中市水稻秸秆资源在反刍动物生产中的应用研究[J]. 畜牧与兽医，2017，49（06）：196-199.
[61] 韩昱，孙全文，靳玲品，等. "张杂谷"谷草替代部分玉米秸秆对育肥羊生长性能及血液生化指标的影响[J]. 黑龙江畜牧兽医，2017（21）：152-154.
[62] 陈永忠，张成图，孟茹. 肉牛规模养殖生物安全管理[J]. 上海畜牧兽医通讯，2017（06）：66，68.
[63] 张海迪，吴志明，班付国，等. 规模羊场生物安全体系的建设[J]. 黑龙江畜牧兽医，2017（11 下）：76-79.
[64] 王梅，许栋. 规模羊场疫病防控安全体系的建立[J]. 新疆畜牧业，2017（5）：13-15.
[65] 于磊，孙亚波，丛玉艳，等. 饲粮阴阳离子平衡值对辽宁绒山羊生长性能、血清和尿液生化指标及尿结石发病情况的影响[J]. 动物营养学报，2018，30（1）：107-114.
[66] 张建忠. 育肥羊黄脂病的发生及预防. 疫病防控，2018，34（3）：135-136.

[67] 张海朝，林学仕. 规模羊场生物安全体系建立的措施与对策[J]. 畜牧兽医杂志，2018，37（02）：76-78，80.

[68] 欧顺，杨文翠，刘兴雯，等. 砚山县常见饲用植物营养与青贮品质研究[J]. 草学，2020（02）：46-53.

[69] 范美超，格根图，贾玉山，等. 高粱等 9 个品种饲草生产力及其青贮品质的对比分析[J]. 中国草地学报，2020，42（02）：175-180.

[70] 任伟忠，李妍，曹玉凤，等. 不同比例全株玉米青贮、谷草和羊草组合饲粮对干奶前期奶牛体况、瘤胃发酵和血液生化指标的影响[J]. 中国兽医学报，2020（5）：1009-1015.

[71] 吕冠霖. 利用甘蔗叶和蛋白桑树配制生长肉牛全混合型压块日粮研究[D]. 广西大学，2015.

[72] 施海娜，李世恩，高钰，等. 庆阳市蛋白桑饲用营养价值分析[J]. 中国草食动物科学，2020，40（06）：24-27.

[73] 杨静，曹洪战，李同洲，等. 饲料桑粉对生长育肥猪的营养价值评定[J]. 中国兽医学报，2015，35（08）：1371-1374.

[74] 张暄梓，于胜晨，郝小燕，等. 树叶、秸秆及糟渣类饲料在杜×寒杂交羊瘤胃中的降解特性研究[J]. 中国畜牧杂志，2021，57（05）：165-170.

[75] 岳冬梅，王林美，李树英. 五种柞树叶营养成分分析[J]. 北方蚕业，2017，38（04）：20-23.